Corporate Books

Michael Schickerling | Friedhelm Schwarz

# Corporate Books

Überzeugend konzipieren
Zielgruppengerecht schreiben
Erfolgreich vermarkten

Typografie, Layout, Einbandgestaltung
Margarete Bramann, Frankfurt am Main | Nina Bramann, Maintal

Coverabbildung
© Sergey Nivens, istockphoto.com

Grafiken
© Thomas Jarzina, Jarzina Kommunikations Design, Holzkirchen
© Michael Schickerling, schickerling.cc, München

Fotos der Autoren
© Martina Rinke, Rosenheim; © Dieter Pfingstmann, Prüm

Druck und Bindung
ScandinavianBook, Druckhaus Nord
Nordic Swan Ecolabel 5041 0826
Printed in Germany 2023

GEDRUCKT AUF PAPIER AUS NACHHALTIGER FORSTWIRTSCHAFT

ISBN (Print) 978-3-95903-022-9
ISBN (epub) 978-3-95903-114-1

# Inhalt

# Vorwort

Liebe Leserinnen und Leser,

»Wer schreibt, der bleibt.« Stimmt dieser Spruch eigentlich noch? Schließlich wird heute mehr geschrieben und mehr publiziert denn je zuvor. Und das nicht nur in den klassischen Medien, seien es gedruckte oder digitale Bücher, Zeitungen und Zeitschriften. Viel mehr geschieht inzwischen ausschließlich im Internet, in Online-Magazinen, in Special-Interest-Blogs und -Foren sowie auf immer neuen Social-Media-Kanälen. Ganz zu schweigen von Podcasts, Video-Blogs, Youtube-Channels oder gar dem Metaversum. Es gibt unzählige Möglichkeiten, die eigenen Botschaften an Kunden und Interessenten, an Mitarbeiter und Geschäftspartner zu bringen. Jeder ›Creator‹ und überhaupt alle, die ein Buch initiieren, ringen dabei um eine knappe Ressource: Aufmerksamkeit.

Der Begriff ›Corporate Book‹ wird in der Kommunikations- und Verlagsbranche mit großer Selbstverständlichkeit verwendet, als wüssten alle sofort, was damit konkret gemeint ist. Doch stimmt das? Reicht die deutsche Übersetzung mit Firmen- oder Unternehmensbuch[1] als Beschreibung aus? Sind nur solche Bücher Corporate Books, deren Herausgeber ein Unternehmen ist?

Wir sind der Überzeugung, dass viele der verwendeten Definitionen zu einseitig und nur auf bestimmte Interessen bezogen sind. Deshalb verwenden wir hier eine andere: Corporate Books sind

Bücher, die auf Wunsch und im Interesse eines Unternehmers oder eines Unternehmens publiziert werden, unabhängig von Thema, Genre und Autor, von Finanzierung, Produktion, Verlag und Vertriebsweg. Auch die Unternehmensgröße spielt keine Rolle, denn sie reicht vom Freiberufler bis zum Global Player. Corporate Books werden von ihren Initiatoren immer als eine Investition betrachtet, um zuvor definierte Ziele zu erreichen.

Bei Corporate Books geht es nicht um die Veröffentlichung des nächsten Bestsellers – das kann Ihnen ohnehin niemand seriös versprechen –, nicht primär um Unterhaltung, Information oder Wissensvermittlung, sondern immer um das Erreichen vorab definierter Kommunikationsziele für eine bestimmte Leserschaft. Allein daran bemisst sich der Erfolg solcher Unternehmenspublikationen. Damit das gelingt und sich die finanzielle sowie zeitliche Investition am Ende für Sie auszahlt, braucht es passgenaue Konzepte ebenso wie eine planvolle Umsetzung.

Bücher spielen in einer eigenen, einer besonders langlebigen und reputationsstarken Liga, in der ihnen andere Medien keine echte Konkurrenz machen können. Damit Sie in dieser Liga mit Ihrem Corporate Book als erfolgreicher Player an den Start gehen, stellen wir Ihnen auf den folgenden Seiten alles Wissenswerte rund ums Büchermachen vor: die grundlegenden Regeln und Abläufe, bewährte Hilfestellungen und Abkürzungen, die entscheidenden Dos and Don'ts.

Bei den in den folgenden Kapiteln exemplarisch genannten Werken handelt es sich übrigens nicht ausschließlich um Corporate Books, sondern auch um ganz normale Verlagsprodukte. Und diese sind nicht unbedingt im Rahmen unserer eigenen Arbeit mit vielen Autoren, Unternehmen und Verlagen entstanden, sondern finden sich in unseren Bücherregalen – als typische Vertreter ihrer Gattung und damit als lehrreiches Anschauungsmaterial.

Wenn Sie mit Firmenpublikationen zu tun haben – sei es als Unternehmensgründer, -inhaber oder -chef, sei es als PR-Verantwortliche, Projektmanager oder Agenturmitarbeiter, sei es als Auftraggeber oder als Autoren –, begleiten wir Sie von den ersten konzeptionellen Überlegungen bis zum fertigen Produkt. Wir wollen, dass Sie Ihr ganz besonderes Publikationsvorhaben bestmöglich realisieren können – ohne Ärger, zeitraubende Umwege und überflüssige Ausgaben.

Aus unserer eigenen Erfahrung kennen wir die unterschiedlichsten Facetten des Buchgeschäfts. Die Publikation von breit verkäuflichen Publikumstiteln wie von nischenorientierten Special-Interest-Büchern. Die Perspektive als Autor ebenso wie die als Programmmacher im Verlag. Als Ghostwriter und Redakteur genauso wie als Projektmanager und Troubleshooter. Und natürlich als Leser. Wir haben viele Hits gesehen und leider auch einige Flops, haben manche Fehler gemacht und daraus Lehren gezogen. Wir sind deshalb überzeugt, dass erfolgreiche Bücher immer das Ergebnis klarer Konzepte, gekonnter Umsetzung und vertrauensvoller Teamarbeit sind.

Vielleicht mögen Sie uns an Ihren Erfahrungen teilhaben lassen. Schreiben Sie uns eine E-Mail an info@schickerling.cc, an info@schwarzbook.de oder über LinkedIn. Wir freuen uns über Ihre Fragen und Anregungen, über Lob und Kritik – und vor allem auf gute Gespräche!

*Michael Schickerling und Friedhelm Schwarz*
München und Dahlem / Eifel, März 2023

# Mit dem eigenen Buch nie wieder Chancen verpassen

Ferdinand Piëch (1937–2019) war »ein Krieger, der die Welt veränderte. Detailbesessen, visionär, aber auch knallhart hat Piëch die Autoindustrie geprägt wie kein anderer«, schrieb das *Handelsblatt* in einem Nachruf. Bekannt wurde der Enkel von Ferdinand Porsche einer breiten Öffentlichkeit erst, als er 1988 im Alter von 50 Jahren den Vorstandsvorsitz der Audi AG übernahm. Vielleicht wäre das der richtige Zeitpunkt gewesen, ein Buch über seine frühere Zeit als Technikchef und Leiter des Rennsports bei Porsche zu schreiben. Diese Chance, sich die Deutungshoheit über die eigene Lebensgeschichte und seine unternehmerischen Leistungen zu sichern, sich selbst und sein Schaffen öffentlich ins rechte Licht zu rücken, verpasste er.

Erst ein Vierteljahrhundert später erschien im Verlag Delius Klasing das Buch *Porsche & Piëch. Die Rennwagen des Ferdinand Piëch.* Hier schilderte der Journalist Eckhard Schimpf unter anderem, wie Piëch die Grundlagen für den Erfolg von Porsche legte. Dieses Buch hat bis heute nichts von seiner Bedeutung verloren, doch es kam zu spät, um die öffentliche Wahrnehmung nachhaltig zu beeinflussen.

1993 wechselte Piëch von Audi als Vorstandsvorsitzender zur Volkswagen AG. Ab Mitte der 1990er Jahre nutzte VW Corporate Books zur Kundenbindung. Jeder Käufer, der seinen Neuwagen persönlich in Wolfsburg abholte, erhielt ein Buch über sein Fahrzeugmodell als Geschenk. Das Vorwort stammte von Ferdinand Piëch – eine Art persönlicher Gruß an jeden Kunden.

1998 erschien bei Bastei Lübbe das erste Buch, das Piëchs Namen im Titel trug: *Autos für morgen. Ferdinand Piëch, die Automobilindustrie und das Modell Volkswagen.* Darin versuchten die beiden Herausgeber Michael Schweres und Louisette Gouverne, die wirtschaftlichen und technischen Zukunftsaspekte der deutschen Autobranche am Beispiel VW darzustellen.

Ein Jahr später wurde die erste Biografie »über den nahezu unbekannten Menschen und Milliardär«, wie es in der Verlagswerbung hieß, von der Wirtschaftsjournalistin Rita Stiens bei Gabler veröffentlicht: *Ferdinand Piëch. Der Auto-Macher.* Der VW-Konzern war nicht begeistert. Immerhin stand Piëch jetzt schon sechs Jahre an der Spitze von Volkswagen und war durch die López-Affäre, aber auch durch den Kauf von Rolls-Royce, Bentley und Bugatti sowie durch die Übernahme der italienischen Firma Lamborghini immer stärker in die öffentliche Wahrnehmung geraten, ohne dass sich die Medien seiner Person wirklich annähern konnten.

Wieder ein gutes Jahr später, Mitte 2000, folgte *Ferdinand Piëch. Techniker der Macht* von Jürgen Grässlin. Der Verlag Droemer Knaur hatte einen Teil der Auflage mit einer Bauchbinde versehen lassen, auf der zu lesen stand: »Ein Porträt von durchgehender Niedertracht, Klaus Kocks, Sprecher Volkswagen AG« sowie »Wertvolle Einblicke in die Welt eines Mächtigen, *Süddeutsche Zeitung*«. Zwei konträre Aussagen, die den Verkauf ankurbeln sollten.

Sehr zum Ärger von Piëch, der sich erst jetzt entschloss, gemeinsam mit Herbert Völker, Chefredakteur und Herausgeber des österreichischen Motorsportmagazins *Autorevue*, eine Autobiografie herauszugeben. Wie das *Manager Magazin* im Mai 2001 berichtete, gab es mehr als ein Dutzend Sitzungen von bis zu viereinhalb Stunden, in denen Piëch seinem Ghostwriter erzählte, was dieser in Ich-Form aufschreiben sollte.[2] Ein Jahr später als geplant und erst, als Piëch vom Vorstandsvorsitzenden zum Aufsichtsratsvorsitzenden der Volkswagen AG wechselte, erschien 2002 das Buch *Auto.Biographie* bei Hoffmann & Campe.

Zwischen 2005 und 2017 kamen mindestens sechs weitere Bücher über Volkswagen und die Familien Porsche und Piëch auf den Markt. In diesen spielte Ferdinand Piëch immer eine entscheidende, aber nur selten eine positive Rolle. 2015 legte Piëch im Zuge des Abgasskandals seine Ämter im VW-Konzern nieder und trat kaum mehr öffentlich in Erscheinung.

Am Beispiel der Bücher von und über Ferdinand Piëch zeigt sich, wie aus persönlichen Motiven die Deutungshoheit über das eigene Handeln in nahezu fahrlässiger Weise verschenkt wurde. Zugleich illustriert die Geschichte dieser Publikationen, welch große Macht Bücher in der öffentlichen Wahrnehmung entfalten und welche Möglichkeiten Corporate Books bieten können – wenn man sie richtig einsetzt.

## Wie und warum Bücher wirken

Was auch immer Sie sich vielleicht wünschen: Erst im Kopf der Leser entsteht der Wert eines Buchs. Wahrnehmungen, Wertvorstellungen, Wissen und Erwartungen bilden ein komplexes Netz, das die oft intime Beziehung zu einem Werk und seinem Verfasser begründet. Darauf lässt sich bei dessen Herstellung auf vielfältige Weise Einfluss nehmen. Wie ein Buch gelesen wird, entscheidet jedoch jeder Leser selbst.

**Bücher sind für ihre Leser immer ein Gewinn.** Sie vermitteln auch komplexe und komplizierte Sachverhalte so, dass andere sie nachvollziehen können. Das Thema bestimmt den Umfang, die Tiefe und die Aufbereitung des Werks. Es kann kompakt sein und in die Jackentasche passen oder, falls nötig, in mehreren Bänden veröffentlicht werden.

**Ein gedrucktes Buch ist niemals ein Wegwerfprodukt.** Vorausgesetzt, es ist so gut gemacht, dass es sowohl inhaltlich als auch in seiner handwerklichen Gestaltung die Leser anspricht. Der Wert eines Buchs lässt sich also nicht nur an seinen Produktionskosten oder seinem Ladenpreis bemessen, sondern vielmehr an dem Nutzen, den es stiftet – sei es Unterhaltung oder Information. Relativ preisgünstige Klassiker wie *Der kleine Prinz* von Antoine de Saint-Exupéry oder *Die Mäusestrategie für Manager* von Kenneth Blanchard belegen das mehr als eindrucksvoll.

**Gedruckte Bücher sind autonom.** Das Buch als Objekt und sein Inhalt bilden eine Einheit, die sich der sinnlichen Wahrnehmung direkt erschließt: optisch, haptisch und auch olfaktorisch. Das unterscheidet es von rein digitalen Medien, die immer zusätzliche technische Geräte benötigen, damit ihre Inhalte zugänglich werden. Natürlich kann man den Inhalt von Büchern auch digital lesen, doch hat die Darstellung von Buchseiten auf einem Bildschirm eine grundsätzlich andere Wirkung und ist darüber hinaus abhängig vom Akkustand, örtlichen Empfangsbedingungen und technischen Kompatibilitäten. Ein gedrucktes Buch braucht hingegen keine zusätzlichen Hilfsmittel, um seinen Zweck zu erfüllen, sofern man die Schrift lesen kann und die Sprache versteht. Trotzdem gilt: Digitale Elemente, Aufbereitungsformen und Ergänzungen können ein Printprodukt bereichern, ihm eine zusätzliche Dimension verleihen.

**Bücher sind sinnliche Objekte.** Auch dann, wenn sie Fachinformationen vermitteln wie *FührungsPerspektiven. Denkanstöße für verantwortliches Handeln*, 2012 bei Haufe erschienen. In diesem Werk versammeln die beiden Herausgeber Jörg Menno Harms und Wilfried Mödinger Beiträge von fast siebzig hochkarätigen Autoren aus Wirtschaft, Politik und Wissenschaft, um ein differenziertes Bild zukunftsfähiger Unternehmensführung zu entwerfen. Ein trockenes Thema? Nein, denn dem Inhalt entsprechend hochwertig ist die Gestaltung. Sie bereitet jedem einzelnen Autor eine ganz besondere Bühne – fernab der Tristesse üblicher Sammelbände.

**Bücher vermitteln Wert und Werte.** Beides sorgt dafür, dass sie aufbewahrt, gesammelt, weitergegeben oder noch nach Jahren oder Jahrzehnten antiquarisch zu Preisen gehandelt werden, die weit über ihrem ursprünglichen Ladenpreis liegen. Nicht nur weil sie eine Rarität sind, sondern auch weil sie Inhalte bieten, die anders nicht mehr verfügbar sind. Dadurch unterscheiden sie sich von Online-Medien oder von gedruckten Broschüren, denen von vornherein der Eindruck der Vergänglichkeit anhaftet. Das mag anachronistisch klingen, aber Analysen des Buchmarkts zeigen, dass der ›Long Tail‹, also die Zahl der nur noch in geringen Auflagen verfügbaren Bücher im Handel, immer größer wird. Kurzum: Gut gemachte Bücher garantieren die Langlebigkeit Ihrer Botschaften!

**Bücher steigern die Bekanntheit und Reputation ihrer Verfasser.** Nur wenige Werke haben einen anonymen Autor. In der Belletristik verbirgt er sich vielleicht manchmal hinter einem Pseudonym, was den Unterhaltungswert keineswegs schmälert. Bei Sach- und Fachbüchern hingegen wird der Autor großen Wert darauf legen, erkennbar zu sein. Das Buch dient ihm schließlich dazu, sich den Lesern mitzuteilen. Er wird in einem Buch seine Geschichte erzählen, Wissen vermitteln oder Argumente sammeln, die andere von seinem Anliegen überzeugen sollen – und das nachhaltig. Denn während man in den sozialen Medien leicht hohle Phrasen dreschen und Fake News verbreiten kann, an die sich am nächsten Tag kaum jemand mehr erinnert, fällt der Mangel an Substanz in einem Buch schon nach wenigen Seiten auf. Der Reputation würde ein solches Werk schaden.

**Bücher leben nicht von Plattitüden und Wiederholungen.** Sie leben von ihrer Originalität sowie von der Tiefe und der Fülle an Informationen. Der Autor wird also allein durch das Medium zur Glaubwürdigkeit und zum Sammeln überzeugender Argumente und Fakten gezwungen. Das macht Bücher auch als Instrumente der Meinungsbildung unschlagbar: Im besten Fall dienen sie dem Agenda-Setting, um bestimmte Themen, Überzeugungen oder Anliegen in die öffentliche Debatte – oder an ganz bestimmte Akteure und Meinungsbildner – zu tragen. Eine Publikation ist somit oft der erste Anlass, dass in der Öffentlichkeit über den Autor, sein Thema und sein Werk berichtet wird.

**Bücher profitieren von Prominenz.** Prominente brauchen keine Bekanntheit aufzubauen, sondern diese nur zu vertiefen. Sie erzählen zum Beispiel, wie es ist, mit Kindern oder Katzen zu leben, Schicksalsschläge oder andere Herausforderungen zu bewältigen, Wälder zu erkunden oder auf Pilgerreise zu gehen. So offenbaren sie neue Facetten von sich, stellen sich als besonders nahbar dar oder werden von ihren Lesern zum Vorbild stilisiert.

**Bücher bieten geprüfte Glaubwürdigkeit.** Zumindest wenn sie in Zusammenarbeit mit einem Verlag oder anderen kompetenten Partnern entstehen, haben sie – bis sie auf den Markt kommen – einen umfassenden Reifeprozess hinter sich: Von der Entwicklung und Optimierung eines überzeugenden Buchkonzepts über das Schreiben und mehrfache Überarbeiten des Manuskripts bis zur Gestaltung und Korrektur des Werks geht es immer um Qualitätssicherung und -steigerung. Denn gut gemachte Bücher sind immer das Ergebnis einer ebenso intensiven wie gründlichen Arbeit – und das über mehrere Monate oder Jahre.

## So finden Sie Ihren Platz im Buchregal

Im Jahr 2021 erschienen auf dem deutschsprachigen Markt mehr als 83.000 Werke als Erst- oder Neuauflage.[3] Diese Zahl mag auf manche, die mit dem Gedanken spielen, ein Buch zu veröffentlichen, abschreckend wirken. Doch sie beweist das Gegenteil: Der Buchmarkt ist grenzenlos und immer auf der Suche nach Neuem.

Wie vielfältig der Markt ist, zeigt die Warengruppensystematik des deutschen Buchhandels, die 1997 eingeführt und 2007 überarbeitet wurde. Grund der Veränderung waren damals Marketingaspekte, indem neben der eigenständigen Warengruppe Ratgeber auch die Warengruppe Sachbuch eingeführt wurde. Damit sollte eine klare Trennung zwischen Fachbuch, Ratgeber und Sachbuch ermöglicht werden. Heute gliedert sich der Buchmarkt in neun Hauptwarengruppen: Belletristik (1), Kinder- und Jugendbücher (2), Reise (3), Ratgeber (4), Geisteswissenschaften, Kunst, Musik (5), Naturwissenschaften, Medizin, Informatik, Technik (6), Sozialwissenschaften, Recht, Wirtschaft (7), Schule und Lernen (8) sowie Sachbuch (9)[4].

Corporate Books als Unternehmenspublikationen können prinzipiell in allen Warengruppen auftauchen – und folgen dann deren jeweiligen Gesetzmäßigkeiten. Was sie von anderen Verlagsprodukten unterscheidet: Sie bedienen nicht nur ein bestimmtes Marktsegment, sondern dienen einem darüber hinausgehenden Unternehmenszweck, dessen Wert sich nur schwer beziffern lässt. Die Grenzen sind oft fließend – und manchmal diskussionswürdig: Ist ein von einem Automobilhersteller entwickeltes Kinderbuch ein relevanter Beitrag zur Verkehrserziehung oder bloß plattes, vielleicht sogar verwerfliches Marketing? Liefern Bücher, die von Beratern verfasst werden, einen echten Nutzen oder verfolgen sie allein die wirtschaftlichen Ziele der Autoren? Erzählt die Biografie einer bekannten Persönlichkeit eine für viele Menschen interes-

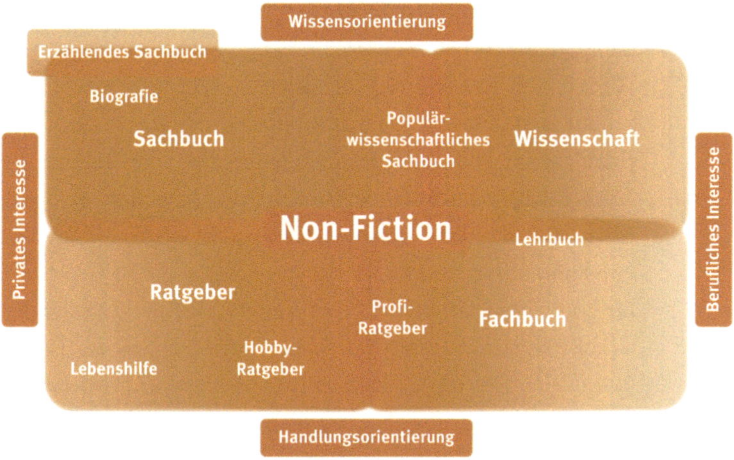


**Non-Fiction: Welche Art von Sachbüchern gibt es überhaupt?**

sante oder gar überraschende Geschichte oder dient sie lediglich der Selbstbeweihräucherung in einem eng begrenzten Umfeld? Hier lauern böse Fallen, die das eigentliche Anliegen konterkarieren und im schlimmsten Fall in vernichtender öffentlicher Kritik münden, wenn Sie die Regeln des jeweiligen Genres ignorieren. Leider bleiben auch schlechte Bücher, denen Substanz und Tiefe fehlen, oft viel länger am Markt, als den Beteiligten lieb ist.

Die meisten Corporate Books erscheinen als Fachbücher, Ratgeber oder Sachbücher. Sie bewegen sich damit in einem weiten Feld voller Möglichkeiten zwischen Wissens- und Handlungsorientierung einerseits sowie zwischen privatem und beruflichem Interesse andererseits. Die Grenzen zwischen den unterschiedlichen Buchtypen sind dabei fließend. Die Entscheidung über die passende Positionierung wird deshalb meist der Verlag treffen, der zur Veröffentlichung des Werks bereit ist und sich in seinem Marktsegment und mit den Bedürfnissen der Zielgruppe genau auskennt.

**Fachbücher** bieten ihren Lesern in einem professionellen Kontext handlungs- praxisorientiertes fachliches oder berufliches Wissen und Know-how, vermittelt von Experten. Die Zielgruppe lässt sich sehr genau umreißen, die Auflage ist entsprechend gering, während der Ladenpreis im Verhältnis zu anderen Büchern hoch ist. Beispiele hierfür sind *Business Culture Design. Gestalten Sie Ihre Unternehmenskultur mit der Culture Map* von Simon Sagmeister oder *ManagementMaster. Erfolgsfaktoren für gelingende Führung* von Sven Lüngen und Joerg Schneider. Und Erich und Fabian Küthe haben mit *Marketing mit Farben. Gelb wie der Frosch* ein Fachbuch von großer Informationstiefe vorgelegt, das darüber hinaus auch noch hohen ästhetischen Ansprüchen genügt.

**Ratgeber** geben Lesern umsetzbare Hinweise, wie sie ihre eher privaten Probleme lösen oder ihre Fertigkeiten verbessern können. Als Profi-Ratgeber bewegen sie sich in einem professionellen, beruflichen, fachspezifischen Kontext. Ratgeber haben meist eine höhere Auflage und niedrigere Preise als vergleichbare andere Bücher gleichen Umfangs. *Das 4-Stunden-Startup. Wie Sie Ihre Träume verwirklichen, ohne zu kündigen* von Felix Plötz ist dafür ebenso ein Beispiel wie *Verhandlungsflow. Wie Sie anspruchsvolle Verhandlungen mit Leichtigkeit zum Ziel führen* von Florian Weh. Einen besonderen Weg sind Wladimir Klitschko und Tatjana Kiel mit den beiden sich ergänzenden Büchern gegangen: *F.A.C.E. the Challenge. Entdecke die Willenskraft in dir!* ist der grundlegende informative Ratgeber. Das komplementäre Arbeitsbuch trägt den schlichteren Titel *F.A.C.E. the Challenge. Das Arbeitsbuch.* Zu den als Ratgebern erschienenen Corporate Books gehören auch die Kochbücher der Marke Maggi oder des Grillherstellers Weber, Reiseführer von Fremdenverkehrsvereinen oder Sport- und Fitnessbücher bekannter Marken.

**Sachbücher** dienen einer breiten Öffentlichkeit der Wissensvermittlung sowie der Darstellung von Menschen und Geschichten, aber auch der mehr oder weniger provokanten Meinungsäußerung zu aktuellen Themen, Stichwort Agenda-Setting. Dazu gehören Titel, die Strategien aufzeigen wie *Zukunftslärm. Welche Erzählungen helfen, das Morgen zu gestalten* von Bernhard Fischer-Appelt oder *Wirtschaft am Rohstofftropf. Der Kampf um die wichtigsten mineralischen Ressourcen* von Günter Pilarsky. In dem Buch *Ernährung für ein besseres Leben. Eine Reise von den Anfängen der industriellen Nahrungsproduktion zur Nutrigenomik* geht es dem Autor Peter Brabeck-Letmathe darum, Meinungen und Vorurteile durch Faktenwissen zu ersetzen und Zukunftsperspektiven aufzuzeigen. Eine besonders liebevoll gestaltete Biografie ist die von Berthold Leibinger *Wer wollte eine andere Zeit als diese. Ein Lebensbericht.*

Trotz vieler positiver Beispiele: Nur in den seltensten Fällen dürfen Sie erwarten, dass ein gutes Buch seinen Weg allein machen wird – auch wenn das manche behaupten – oder dass jede Publikation das Zeug zum Bestseller hat. Hinzu kommt: Wer sein erstes Buch veröffentlicht, muss damit rechnen, dass der Verlag die Maßstäbe und Bedingungen anlegt, die (nicht nur) für Corporate Books gelten. Wer bereits etabliert ist, arbeitet dann im Hinblick auf Vertriebsunterstützung, Marketingbudget und PR-Arbeit, auf Honorare und mögliche Abnahmeverpflichtungen zu anderen Konditionen als Newcomer. Um ein Buch zum Erfolg zu führen, bedarf es jedoch stets intensiver Kommunikationsarbeit, die von den Verlagen in unterschiedlicher Intensität geleistet wird und deshalb zusätzlich auf die Eigeninitiative des Autors angewiesen ist.

Ohnehin ist für den Erfolg jedes Buchs – nicht nur im Handel oder im Direktvertrieb, sondern genauso in den Medien oder bei einer Vielzahl weiterer Interessengruppen – immer die Summe seiner (guten) Eigenschaften entscheidend. Dadurch können und müssen sich Unternehmenspublikationen von der Vielzahl der Titel abheben, die von vornherein auf Masse ausgelegt sind und zu geringen Kosten auf den Markt geworfen werden.

# 1 Erwartungen und Ziele: Warum sollten Sie ein Buch schreiben?

Ideen für ein Buch und der Wunsch, es zu schreiben, tauchen nicht aus dem Nichts auf, sondern beruhen häufig auf Anregungen von außen. Vielleicht hat jemand aus Ihrem privaten oder geschäftlichen Umfeld, gar ein Wettbewerber, gerade ein Buch veröffentlicht? Da liegt der Gedanke nahe: Das könnte, das sollte man auch tun. Vielleicht hat ein Gesprächspartner gesagt: »Das, was Sie mir gerade erzählt haben, ist so interessant. Sie sollten darüber unbedingt ein Buch schreiben.«

Solche Initialzündungen darf man nicht unterschätzen – selbst wenn es noch etwas Zeit braucht, bis die Vorstellung von einer eigenen Publikation gereift ist. Nach unserer Erfahrung passiert es gar nicht so selten, dass schon im ersten Gespräch mit einem potenziellen Autor dieser ein Buch oder manchmal auch mehrere Bücher auf den Tisch legt und sagt: »So etwas möchte ich auch.« Oder: »Das kann man doch noch besser machen.« Lassen Sie uns deshalb überlegen, aus welchen Motiven und zu welchen Anlässen Sie worüber schreiben könnten.

Ob ein bestimmtes Motiv oder ein konkreter Anlass im Vordergrund stehen, hängt immer vom Einzelfall ab. Dabei kommt es unter anderem darauf an, in welcher Branche Sie, Ihre Firma oder der Unternehmensbereich, den Sie vertreten, aktiv sind, welche Kenntnisse und Erfahrungen Sie teilen möchten und was Ihre Kernzielgruppe interessiert. Daraus leitet sich ab, wie Ihr Buch ausgestattet und gestaltet sein soll, welche Bedeutung Abbildungen und Texte haben, wie es am besten vermarktet und verteilt wird oder welchen Umfang und Ladenpreis es haben sollte.

## 1.1 Motive: Was wollen Sie mit Ihrem Buch erreichen?

Ein Corporate Book um seiner selbst willen, nur um irgendeine Publikation unter eigenem Namen verfügbar zu haben, ist keine überzeugende Antwort auf die Frage, warum Sie überhaupt ein Buch schreiben sollten. Sie brauchen einen glaubwürdigen, nachvollziehbaren Grund und eine klare Vorstellung, was Sie bewirken wollen – für sich und Ihre Leser. Nur dann werden Sie Ihr Kommunikationsziel erreichen und Gewinn aus Ihrem Publikationsvorhaben ziehen.

Grundsätzlich orientieren sich Ihre Hauptmotive an den zeitlichen Dimensionen Vergangenheit, Gegenwart und Zukunft, in denen sich das Buch überwiegend bewegt. Wollen Sie mit Ihrem Buch etwas bewahren oder Know-how sichern, so steht die Vergangenheit im Mittelpunkt. Hier können es die Firmengeschichte, Ihre Erkenntnisse oder Ihre Biografie sein, die den Kern des Buchs bilden. Diese festzuhalten und zu interpretieren sowie daraus Lehren für die Gegenwart und Zukunft abzuleiten, machen solche Publikationen auch für andere interessant – die mehr über Sie wissen oder von Ihren Erfahrungen profitieren wollen.

Geht es Ihnen um Imagebildung, Kundengewinnung oder Mitarbeiterbindung, wollen Sie Orientierung und Anwendungshilfen bieten, wollen Sie auf den öffentlichen oder fachlichen Diskurs Einfluss nehmen und Engagement beweisen, so haben Sie die Gegenwart und mehr noch die Zukunft im Blick. Dieser Blick kann dabei weit über die eigenen Unternehmensgrenzen hinausreichen und wichtige Impulse setzen.

Nicht leiten lassen sollten Sie sich von der meist trügerischen Aussicht auf hohe Buchhonorare oder einer attraktiven Bestsellerplatzierung. Denn schon seit Langem sinken die Durchschnittsauflagen in vielen Segmenten des Buchmarkts bei sehr langsam steigenden Ladenpreisen – was sich auch in geringen Autorenhonoraren bemerkbar macht. Einen ökonomischen Gewinn erzielen Sie mit Corporate Books also eher indirekt. Auch die Hoffnung auf herausragende Verkaufszahlen erweist sich nur für ganz wenige Titel als realistisch – wenn es gelingt, die eigenen Ziele mit den Interessen von Lesern und Medien sowie den Gegebenheiten des Buchmarkts im Allgemeinen und der Verlage im Besonderen in Einklang zu bringen. Denn Bestseller sind immer ein Teamspiel.

## Bücher erzählen, was war und was sein soll

Unter dem Aspekt des Bewahrens können Sie eine Biografie oder Memoiren schreiben, also Ihre Lebensgeschichte oder Erinnerungen an das, was Sie beeindruckt hat und was Sie bewirkt haben. Memoiren unterscheiden sich von Biografien durch ihre Subjektivität und durch ihre stärkere Ausrichtung auf Gegenwart und Zukunft in Bezug auf die eigene Rolle, oft verbunden mit einer bestimmten Botschaft. (Auto-)Biografien stellen dagegen nicht nur einen Ausschnitt, sondern den gesamten Werdegang dar, meist in chronologischer Reihenfolge, manchmal thematisch inszeniert. Immer geht es darum, andere an persönlichen Erfahrungen und Entwicklungen teilhaben zu lassen, ihnen Vorbild zu geben, ihnen Mut zu machen oder sie vor Fehlern zu bewahren.

Geschichte bewahren können Sie auch, indem Sie einzigartige Einblicke in ein Unternehmen geben, wie es Nestlé mit *Wandel als Herausforderung. Nestlé 1990–2005* getan hat. Dieses von Historikern geschriebene Buch beleuchtet nicht nur das politische, wirtschaftliche und gesellschaftliche Umfeld im Kontext zu den Entwicklungen im Unternehmen, sondern bietet zusätzlich eine Fülle an Fakten und Zahlen, die sich von Außenstehenden kaum recherchieren lassen. Ein wertvoller Beitrag zur Sozial- und Wirtschaftshistorie.

Wenn es darum geht, Denkanstöße zu geben und zu begründen und dabei die eigenen Erfahrungen und Entwicklungen zu reflektieren, können Sie den Weg über ein populäres Sachbuch wählen. Ein Unternehmer, dem dies 2018 in beispielhafter Weise gelungen ist, ist der Drogeriemarktgründer Dirk Roßmann. Mit seinem Buch *... dann bin ich auf den Baum geklettert!* hat er die Messlatte für Unternehmensbücher nach oben verschoben. Natürlich hat Roßmann eine interessante Lebensgeschichte mit vielen Höhen und Tiefen, mit großen Triumphen und Niederlagen. Das allein hätte den Erfolg des Buchs nicht ausgemacht – Vergleichbares können auch andere berichten. Entscheidend war neben seinem finanziellen Engagement und professionellem Marketing seine zum Teil schonungslose Ehrlichkeit, indem er Dinge zu Papier brachte, welche die meisten anderen Autoren verschwiegen hätten.

## Bücher machen sichtbar, was Sie tun

Man muss sich nicht unbedingt selbst in den Mittelpunkt stellen, um ein Buch zu schreiben. Die alte PR-Weisheit »Tue Gutes und rede darüber« hat nichts an Aktualität verloren. Dokumentieren Sie in einem Buch regionales, soziales oder kulturelles Engagement, ist das nicht nur gut fürs Image, sondern zugleich eine Form der Wissens- und Wertevermittlung, die andere animieren kann, Ihrem Beispiel zu folgen und gesellschaftliche, politische oder ökonomische Prozesse in Gang zu setzen. Sie müssen nicht gleich eine Hochschule oder ein Museum stiften, um öffentliche Anerkennung zu bekommen. Die zentrale Frage lautet also immer: Was wollen Sie mit einem Buch erreichen?

Diese Frage hat sich beispielsweise Antje von Dewitz mit ihrem Buch *Mut steht uns gut! Nachhaltig menschlich fair – mit Haltung zum Erfolg* gestellt. Der baden-württembergische Ministerpräsident Winfried Kretschmann gibt in seinem Vorwort die Antwort: »Antje von Dewitz' Buch ist eine Anleitung, wie man mit Weitsicht, Leidenschaft und Tatendrang Veränderungen erfolgreich gestaltet. Es ist eine Geschichte, die Mut macht und Zuversicht gibt.« Die Autorin ist seit 2009 Geschäftsführerin der Outdoor-Marke Vaude, die 1974 von ihrem Vater gegründet wurde. Sie beschreibt, wie man auch mit einem nachhaltig und umweltfreundlich produzierenden Unternehmen Erfolg haben kann. Ein kluges Buch, in dem es nicht so sehr um die Person und deren Leistung, sondern um eine gute Sache geht.

## Bücher können Zukunft gestalten

Wollen Sie vorrangig etwas beeinflussen oder bewegen, bieten sich Sachbücher mit starken, gar provokanten Thesen oder neuartigen Perspektiven an, aber auch die Darstellung der Unternehmensphilosophie und -kultur, sofern das dahinterstehende Wertesystem als Vorbild dienen kann. Wollen Sie hingegen Veränderungsprozesse in Gegenwart oder Zukunft deutlich machen oder in solche Prozesse lenkend eingreifen, brauchen Sie überzeugende Inhalte, welche die Aufmerksamkeit Ihrer Zielgruppe erregen.

Im besten Fall leisten solche Bücher als echte Influencer einen relevanten Beitrag zum öffentlichen Diskurs, mischen diesen als Streitschrift vielleicht auf – und finden damit auch in den Medien breite Resonanz. Ein recht aktuelles Beispiel für ein solches Buch stammt von Verena Pausder: *Das Neue Land. Wie es jetzt weitergeht!* und es wurde 2020 als ›Unternehmerbuch des Jahres‹ im Rahmen des Deutschen Wirtschaftsbuchpreises ausgezeichnet. Andere Beispiele für Bücher, die nachhaltige Diskussionen auslösten, sind die Berichte des Club of Rome; am bekanntesten ist sicher der heute immer noch zitierte Klassiker *Die Grenzen des Wachstums* aus dem Jahr 1973 – bereits über 30 Millionen Mal in 30 Sprachen verkauft.

## Bücher beweisen Kompetenz und schaffen Identität

Mit Büchern lässt sich über lange Jahre aufgebautes Wissen sichern, verdichten und vermitteln. Dieser Know-how-Transfer richtet sich nicht unbedingt nach außen auf ein allgemeines Publikum, sondern mehr noch nach innen, in die eigene Organisation oder Familie. Diese Weitergabe von Wissen, etwa an neue Mitarbeiter oder nachfolgende Generationen, ist daher ein wichtiges Motiv für Corporate Books – und stellen zugleich Ihre Expertise unter Beweis.

Das zeigen beispielhaft die Bücher aus der Reihe *McKinsey Perspektiven* der bekannten Unternehmensberatung oder das bereits genannte Werk *Business Culture Design* von Simon Sagmeister. Und der SAP-Gründer Hasso Plattner machte mit seinem 2009 erschienenen Buch *Design Thinking. Innovation lernen – Ideenwelten öffnen*, in Deutschland nicht nur seine School of Design Thinking am Hasso-Plattner-Institut in Potsdam bekannt, sondern auch die aus den USA stammende Methode, um Ideen zu entwickeln und zu realisieren. Inzwischen gibt es eine große Zahl von Design-Thinking-

Publikationen, die aber alle nicht die Alleinstellung von Plattners Buch erreichen.

Viele Autoren von Corporate Books erhoffen sich, über ihr Buch bekannt zu werden. Das glückte dem japanischen Unternehmensberater Minoru Tominaga 1996 mit *Die kundenfeindliche Gesellschaft*, was ihm den Durchbruch in den Medien verschaffte. Sein erstes Werk *Erfolgsstrategien für deutsche Unternehmer* und auch seine folgenden Bücher wurden dadurch ebenfalls zu Bestsellern und sind heute noch als Longseller verfügbar.

Ein Buch vor allem als Marketing- oder gar Verkaufsinstrument zu nutzen, mag für Autoren oder kleine Unternehmen aus der Trainer-, Coaching- oder Beraterszene in vielen Fällen sinnvoll und zweckmäßig sein. Sie treten damit an die Öffentlichkeit, beweisen Kompetenz, gewinnen Bekanntheit – und den einen oder anderen neuen Kunden. Das gelang etwa Mathias Haas mit *Beta-Business. Wo die Zukunft heute gemacht wird.* Solch ein Werk ist vielleicht eine besonders teure Visitenkarte, aber sie garantiert hohe Aufmerksamkeit. Für mittelständische und große Firmen, die bereits gut am Markt eingeführt sind, hat dieser Aspekt der Verkaufsförderung eher geringe Bedeutung.

## Bücher stiften Nutzen und machen das Leben leichter

Das aufwändig recherchierte *Metro-Handelslexikon* des gleichnamigen Handelskonzerns aus dem Jahr 2015 zeigt, welch großen Nutzen ein kostenlos abgegebenes Werk stiften kann. Erschienen ist das über 500 Seiten starke Buch im Eigenverlag und war nicht käuflich zu erwerben. Zielgruppe sind nicht nur Journalisten, sondern alle, die sich mit Handelsthemen befassen. Es gibt einen umfassenden Überblick über den Handel in Deutschland, Europa und

### Ein Unternehmen, drei Bücher, unterschiedliche Motive

Es sind nicht nur die großen internationalen Konzerne, die aus den unterschiedlichsten Motiven und Anlässen Bücher für verschiedene Zielgruppen veröffentlichen, sondern auch viele mittelständische Unternehmen. Eines ist der Küchengerätehersteller Bora, der Kochfelder und Dunstabzugssysteme produziert.

Im Dezember 2014 erschien bei Gräfe und Unzer das Buch *Tour de Cuisine. Lieblingsrezepte der besten Radprofis.* Wo besteht hier die Verbindung zu Küchengeräten? Willi Bruckbauer, der Gründer von Bora, ist begeisterter Radsportler, dessen Unternehmen seit 2015 sogar ein eigenes Radsportteam sponsert. Damit ist die Verbindung zwischen Motiv und Anlass klar und auch die Verbindung zur Zielgruppe: Männer, die gern selbst kochen und bereit sind, für die Küchenausstattung viel Geld auszugeben.

2018 erschien *Das Prinzip Bora. Erfolgsrezepte für Ihren Verkauf,* Autor Willi Bruckbauer, Verlag Ariston. Das Motiv des Buchs ist die Unterstützung des Vertriebs, und die Adressaten dieses Profiratgebers sind Küchenfachgeschäfte.

In dem *Kochbuch Indoor Grillen. Das große Bora Tepan-Buch,* 2020 wieder bei Gräfe und Unzer erschienen, drehen sich alle Rezepte um den Tepan-Edelstahlgrill, mit dem man zu jeder Jahreszeit auch im Haus grillen kann. Mit der Vorstellung innovativer Rezepte verfolgt das Unternehmen ganz klare Marketingziele und bietet zugleich kompetenten Rat.

der Welt, über den privaten Konsum, die Preisentwicklung sowie die Betriebsformen, die Ausbildungswege und die Beschäftigten und stellt die führenden Handelsunternehmen vor – alles gespickt mit viel Zahlenmaterial, einer Terminübersicht sowie Adress- und Literaturlisten. Erst auf Seite 508 geht es um die Metro Group selbst. Mit dieser Fleißarbeit, all diese Informationen zusammenzustellen, sicherte sich das *Metro-Handelslexikon* bei den angesprochenen Fachleuten einen Platz in Griffnähe auf dem Schreibtisch. Welch besseren Ort kann es für ein Corporate Book geben?

Der Nutzen einer Publikation kann sich auch vorrangig nach innen richten, in das eigene Unternehmen hinein oder zu den wichtigsten Geschäftspartnern, wenn sie etwa als Schulungsunterlage oder Verkaufshilfe dient. Die Deutsche Telekom hat das erkannt und 2021 bei Frankfurter Allgemeine Buch mit *Wissen. Macht. Spaß. Die neue Fachlichkeit im Service* ein attraktiv aufbereitetes Corporate Book herausgebracht, das Elemente der Zeitschriftengestaltung nutzt und so zum ›Bookazine‹ wird. Dieses wendet sich an Profis aus dem eigenen Vertriebsservice, aber auch aus anderen Unternehmen der Telekommunikationsbranche.

Viele Menschen wünschen sich, dass ihnen bei ganz praktischen Alltagsfragen kompetent geholfen wird. Für sie werden beispielsweise im Heimwerkerbereich Bücher angeboten wie *Es gibt immer was zu tun. Das Hornbach-Projekt-Buch* oder *Die Do it Yourself Heimwerkerbibel* von Bosch. Den Küchenklassiker *Dr. Oetker Schulkochbuch*, der 1911 erstmals erschien, hat vermutlich jeder schon einmal in der Hand gehabt. Je höher der Nutzen, desto positiver und desto länger bleibt der Absender in Erinnerung.

## Bücher sagen Danke und bereiten Freude

Vor allem Autoren, die ihr Buch aus einem inneren Beweggrund heraus schreiben, stellen sich die Frage, wem sie damit eine Freude machen können. Freuen wird sich auf jeden Fall jeder, der das Buch geschenkt bekommt und einen Bezug zum Absender hat.

So haben fast alle großen Automobilproduzenten für die Käufer von Neuwagen schon Bücher über das jeweilige Modell produzieren lassen. Diese wurden für viele Kunden zu Erinnerungsstücken, selbst nachdem sie das Auto längst wieder verkauft hatten. Im Grunde eine geringe Ausgabe für den jeweiligen Hersteller, mit der er sein Produkt nicht nur in die heimische Garage brachte, sondern mitten ins Wohnzimmer.

Mit einer individuellen Widmung können Sie Ihren Lesern ebenfalls eine Freude bereiten – und Wertschätzung zeigen. Das hat zum Beispiel Richard-Otto Bremicker mit seinem Buch *Alles dreht sich um Edscha* getan. Die Widmung lautet hier: »Unser Werk, unser Stolz – gewidmet allen Mitarbeitern und deren Familien, die dazu beigetragen haben, aus einem kleinen Handwerksbetrieb ein Weltunternehmen zu machen.«

## Bücher sind immer ein Reputationsgewinn

Corporate Books dienen immer auch der Imagebildung, dem Prestigegewinn und der Bekanntheitssteigerung. Geht es vorwiegend darum, dass Sie und Ihr Unternehmen, Ihr soziales oder kulturelles Engagement stärker wahrgenommen und Ihre Kompetenzen deutlich gemacht werden, sind Bücher, aufgrund ihrer langen Lebensdauer, das Mittel der Wahl. Damit können Sie Reputation aufbauen, sich die Meinungsführerschaft sichern oder neue Kontakte knüpfen.

Im Jahr 1984 gründete Berthold Beitz, bis zu seinem Tod 2013 Kuratoriumsvorsitzender der Krupp-Stiftung, die Kulturstiftung Ruhr. Diese setzte die großen internationalen Ausstellungen zu kunst- und kulturhistorischen Themen fort, mit denen der Villa Hügel e.V. 1954 begonnen hatte. Zu jeder Ausstellung wurde ein großformatiger und umfangreicher Katalog veröffentlicht. Doch so aufwändig und kostspielig wie bei der Kulturstiftung Ruhr muss es nicht sein: Besonders kleine und regionale Museen freuen sich, wenn ihnen eine Ausstellung samt Katalog gesponsert wird. Und für den Sponsor ist es eine einzigartige Möglichkeit, positiv im Gespräch zu bleiben.

**Was wollen Sie mit Ihrem Buch erreichen?**

- Lebens-, Familien- und Unternehmensgeschichte erzählen und Erinnerungen bewahren.
- Mut machen und Vorbild geben.
- Denkanstöße geben, öffentliche Meinung beeinflussen und Veränderungsprozesse in Gang setzen.
- Wissen sichern, verdichten und weitergeben und Expertise beweisen.
- Symposien, Kongresse und andere Veranstaltungen ausrichten und dokumentieren.
- Informationen vermitteln und Anwendungshilfen bieten.
- Freude bereiten, Anerkennung zeigen und Danke sagen.
- Reputation und Bekanntheit steigern.
- Soziales, kulturelles und wissenschaftliches Engagement begleiten und zeigen.
- Mitarbeiter gewinnen und binden.
- Marketing unterstützen und Umsatz erhöhen.
- Honorareinnahmen generieren und Bestsellerlisten stürmen.

## Bücher gewinnen und binden Mitarbeiter

In dem großformatigen Bildband *People building brands* stellte Nestlé seine Mitarbeiter mit Fotos und Statements in den Mittelpunkt, um zu zeigen, dass der Erfolg des Unternehmens von ihnen getragen wird. Dieses Buch aus dem Jahr 2000 ist für viele ehemalige Beschäftigte ein echtes Erinnerungsstück an ihre Berufstätigkeit. Zum Zeitpunkt des Erscheinens wurde es durch seine großartigen Fotos zum Imageträger für alle, die ein Interesse an dem Unternehmen hatten und zu denen nicht nur potenzielle zukünftige Mitarbeiter zählten.

Am Beispiel *Alles dreht sich um Edscha* haben wir bereits gezeigt: Bücher können der Mitarbeitergewinnung und -bindung dienen –

Stichwort Employer-Branding. Um sich als attraktiver, innovativer, verlässlicher Arbeitgeber in Szene zu setzen, wird das in Zeiten zunehmenden Fachkräftemangels ein immer wichtigerer Faktor im Wettbewerb um die besten Talente.

## 1.2 Anlässe: Woran kann Ihr Buch anknüpfen?

Während die Motive, ein Buch zu schreiben, von innen kommen und somit intrinsischer Natur sind, sind Anlässe äußere Ereignisse, denen Sie Beachtung schenken. Noch vor zwanzig oder dreißig Jahren waren Corporate Books fast ausschließlich sogenannte Jubiläumsbücher oder Chroniken – Stichwort History- oder Heritage-Marketing. Anlässlich eines Firmenjubiläums oder eines runden Geburtstags des Firmengründers oder seiner Nachfolger brauchte man für die damit verbundenen Feierlichkeiten ein Gästegeschenk, das eine Verbindung zum Unternehmen oder zur Person herstellte, die bisherigen Leistungen sichtbar würdigte und die Firmengeschichte lebendig werden ließ.

Der Impuls kam meist vom Marketingchef oder von der Werbeagentur, die ohnehin schon immer gern ein Buch produzieren wollte – Prospekte, Broschüren, Mitarbeiterzeitungen und PR-Artikel hatte es in der Vergangenheit reichlich gegeben. Material war also vorhanden, das Firmenarchiv quoll über mit Fotos von Gebäuden, Richtfesten, Maschinen, Betriebsausflügen, Messen, Produkten und Geschäftsessen mit wichtigen Besuchern. Das alles musste nur noch in eine chronologische Reihenfolge gebracht werden, und fertig war das Jubiläumsbuch. Oft kam man noch auf die Idee, alles in einen historischen Kontext zu stellen, und beschrieb, was in der jeweiligen Zeit hierzulande und anderswo in der Welt passiert war. Ein ebenso schnell wie einfallslos zusammengerührtes

Standardrezept für Corporate Books. Leider sind auf diese Weise viele schlechte Bücher entstanden, die zu Recht (oder zum Glück) schnell in Vergessenheit gerieten.

Wer es sich leisten konnte, beauftragte einen prominenten Wirtschaftshistoriker als Autor seines Buchs. Als positives Beispiel soll hier *Hugo Stinnes. Biographie eines Industriellen 1870–1924* von Gerald D. Feldman erwähnt werden. Der Autor war damals Professor für Geschichte und Direktor des Center for German and European Studies an der University of California in Berkeley. Feldman hat an dem 1.062 Seiten umfassenden Werk nach eigenen Angaben zehn Jahre gearbeitet und schrieb in seinem Vorwort: »Von Dieter Stinnes, einem Enkel Hugos, ging die Initiative zur Erarbeitung dieser Biographie aus, und er zog nicht nur alle ihm möglichen Register, um die Verwirklichung des Vorhabens sicherzustellen, sondern bewies auch Geduld, Verständnis und Freundschaft, als der Fortgang der Arbeit durch persönliche Schicksalsschläge und unerwartete berufliche Verpflichtungen gebremst wurde. [...] Es ist mir wichtig, in diesem Zusammenhang festzustellen, daß Dieter Stinnes und die anderen, weiter unten namentlich genannten Mitglieder der Familie Stinnes zu keinem Zeitpunkt die Bedingung infrage stellten, auf die wir uns vor dem Beginn meiner Arbeit verständigt hatten: mir unbeschränkten Zugang zu allen relevanten Quellen zu gewähren und mich in völliger Autonomie entscheiden zu lassen, was und wie ich schreiben wollte.«[5] Solche Bedingungen dürften in vielen Fällen eine große Hürde darstellen, sind aber Voraussetzung dafür, eine Publikation von bleibendem Wert zu schaffen. Denn damals wie heute gilt: Eine überzeugende Jubiläumsschrift ist keine unkritische Jubelschrift.

Übrigens kommt der Anstoß für die Produktion von Jubiläumsbüchern nicht immer nur von den Unternehmen selbst. Auf Corporate Books spezialisierte Buchverlage beziehungsweise die

Fachabteilungen großer Verlagskonzerne verfügen über Adressen von Firmen, die in absehbarer Zukunft ein Jubiläum feiern, um dort ihre mitunter kostenträchtigen Dienstleistungen anzubieten. Sofern ein renommierter Verlag mit entsprechender Marktmacht und etablierten Prozessen dahintersteht, spricht nichts dagegen, sich ein solches Angebot einmal etwas genauer anzusehen, um mit einem Buch an die Öffentlichkeit zu treten.

## Firmenchroniken brauchen kein Jubiläum

Selbst wenn kein Jubiläum, kein runder Geburtstag des Unternehmenslenkers oder kein vergleichbar offensichtliches Datum ansteht, gibt es viele triftige Gründe, das Wissen um die Vergangenheit rechtzeitig zu bewahren. Denn gerade Familienunternehmen sind in die Entwicklung ihrer Region fest eingebunden oder haben sie sogar maßgeblich mitbestimmt. Darüber mehr zu erfahren, ist für viele Akteure in Politik, Wirtschaft und Gesellschaft ebenso interessant wie für eine breite Öffentlichkeit.

Nicht nur Firmen, die im ›Goldenen Zeitalter‹ vor dem Ersten Weltkrieg gegründet wurden, blicken auf eine wechselvolle Geschichte zurück. Manchmal lassen sie sich dazu verleiten, ausschließlich diese glücklichen Zeiten darzustellen und die finsteren auszublenden. Doch früher oder später holt die Vergangenheit sie ein und der gute Zweck eines Publikationsvorhabens verkehrt sich im Shitstorm einer kritischen Öffentlichkeit gar ins Gegenteil. Denn vieles von dem, was in der Vergangenheit geschah, muss heute neu erklärt werden oder wird in einem ganz anderen Licht gesehen. Manche Entscheidungen, zum Beispiel Eigentümerwechsel, Produkteinstellungen oder Werksschließungen, bedürfen einer Neuinterpretation und müssen auch Zukunftsperspektiven zeigen. In

## Welcher Anlass passt zu Ihnen?

**Unternehmensbezogene Anlässe:** Einweihung oder Umbau von Gebäuden, Inbetriebnahme von Maschinen oder Rechenzentren, Erschließung neuer Geschäftsfelder oder Ländermärkte, Eröffnung von Standorten oder Flagship-Stores, Gründung von Geschäftspartnerschaften, Änderung der Rechtsform, Kooperationen, Fusionen, Übernahmen und Börsengänge.

**Angebotsbezogene Anlässe:** Entwicklung, Relaunch oder Jubiläum von Marken, Produkten oder Dienstleistungen, Erfindungen, Innovationen und Patentanmeldungen.

**Kundenbezogene Anlässe:** Anfragen, Kauf von Produkten oder Dienstleistungen, Kundengeburtstage und -jubiläen, langjährige Kundentreue oder Reklamationen.

**Personen- und mitarbeiterbezogene Anlässe:** Geburts- oder Todestage, Jahrestage und Jubiläen, Pensionierungen und Einführung von Nachfolgern, Berufungen in Geschäftsführung, Vorstand oder Aufsichtsrat, Stiftungen und Schenkungen.

**Gesellschafts- und wirtschaftspolitische Anlässe:** Gesetzesnovellen und Regulierungen, Wahlen und Verbandsarbeit, Markt- und Branchenentwicklungen, Diversity und soziale Teilhabe, Umweltschutz und Nachhaltigkeit.

**Veranstaltungsbezogene Anlässe:** Messen, Kongresse, Symposien, Ausstellungen, Seminare, Wettbewerbe und Inhouse-Events.

**Sportliche Anlässe:** (Welt-)Meisterschaften, Olympische Spiele, Turniere, und Wettkämpfe.

**Kulturelle Anlässe:** Sponsoring, Ausstellungen, Vernissagen, Konzerte, Festspiele und Premieren.

**Regionale Anlässe:** Landesfeiern, Stadt- und Dorffeste, Umwelt-, Natur- und Denkmalschutz.

**Jahreszeitliche Anlässe:** Ostern und Weihnachten, Sommer- und Wintersaison, Jahresende und -auftakt.

einem überzeugenden Corporate Book sollte es deshalb nicht allein darum gehen, die Vergangenheit in schönstem Licht zu bewahren oder zu erklären, sondern auch aus der Geschichte wie der Gegenwart ehrlich zu lernen.

Wer sich mit dem Gedanken trägt, eine Unternehmenschronik schreiben zu lassen, sollte eines berücksichtigen: Je weiter die Historie zurückreicht, desto weniger Zeitzeugen wird man finden, die noch selbst Auskunft geben können. Deshalb ist es durchaus sinnvoll, schon in einem sehr frühen Stadium Interviews zu führen, die in eine gar erst Jahre später erscheinende Chronik eingefügt werden können.

Unternehmensgeschichte wird nicht nur von den Firmenlenkern selbst geschrieben und interpretiert, sondern von allen Menschen, die mit diesem Unternehmen in Berührung gekommen sind. Das sind langjährige Mitarbeiter, die dort bereits in der dritten oder vierten Generation arbeiten, ebenso wie wichtige Kunden, Lieferanten und Wettbewerber oder Repräsentanten aus Politik und Gesellschaft. Das Wissen wird so in vielfältiger, aber auch subjektiver Weise weitergegeben, ohne sich auf eine zu eng gefasste historische, ökonomische oder technische Perspektive beschränken zu müssen.

An Ideen, einen Anlass zu finden, um ein Buch über Ihr Unternehmen zu machen, wird es Ihnen nicht mangeln. Ein Wechsel in der Geschäftsführung, die Eröffnung eines neuen Standorts, eine Umfirmierung oder ein Rebranding, die Umstellung oder Erweiterung Ihres Angebots finden ohnehin unter den Augen der Öffentlichkeit statt und können von Ihnen publizistisch eingeordnet werden.

## Bücher schenken – nicht nur zur Weihnachtszeit

Als Jahresgabe zu Weihnachten für Kunden, Lieferanten, Geschäftspartner sowie ausgewählte Journalisten, Influencer und Blogger stehen Bücher immer noch hoch im Kurs. Die Hoesch AG in Dortmund, und nach der Fusion mit der Krupp AG auch die Friedrich Krupp AG Hoesch-Krupp, hat die Tradition der Jahresgabe für die Mitarbeiter, Pensionäre und Freunde des Unternehmens über vier Jahrzehnte gepflegt. Auf rund 280 Seiten wurden jedes Jahr aktuelle Themen aufgegriffen: Anfang der 1990er Jahre standen Europa, das vereinigte Deutschland sowie weltweit wichtige Entwicklungen im Mittelpunkt. Es folgten Bücher über die Gestalt und den Wandel des Kohlereviers sowie über die Gesellschaft im Widerspruch, bis 1996 der letzte Band zum fünfzigjährigen Bestehen des Bundeslands Nordrhein-Westfalen erschien.

Ob man mit einem Geschenkbuch nicht nur informieren, sondern zusätzlich auch unterhalten möchte, liegt im Ermessen des Unternehmens. Doch nicht nur Weihnachten, ein Jahreswechsel oder andere Feiertage sind gute Anlässe, ein Buch zu verschenken. Wer seine Firma für Besucher öffnet, zum Beispiel in einem Werksmuseum, kann ihnen mit einem unternehmensbezogenen Buch ebenso eine Freude machen. Ein Beispiel aus dem Jahr 2018 ist *Museum Leica. Das neue Werksmuseum im Leitz-Park, mit Exponaten aus der Rolf Fricke Sammlung.*

Dass der Kauf eines Produkts ein perfekter Anlass sein kann, durch das Überreichen eines Buchs Danke für das Vertrauen zu sagen, haben wir bereits anhand der Automobilbranche gezeigt. Zudem ergibt sich die Möglichkeit, echten Mehrwert zu schaffen und die Neuanschaffung optimal in Anwendung zu bringen, beispielsweise durch das Kochbuch zum frisch erstandenen Grill.

## Gelegenheiten nutzen – oder selbst schaffen

In der Belletristik ein beliebter Aufhänger ist das ›Buch zum Film‹. Für Corporate Books bietet sich eine solche Gelegenheit selten.

Dennoch gibt es zahllose äußere Anlässe, zu denen Sie ein Buch publizieren können. Oder Sie schaffen den Anlass gleich selbst.

Wenn sich Unternehmen beispielsweise an Kongressen, Wettbewerben oder anderen Veranstaltungen beteiligen, können sie dazu einen Band mit Vorträgen, Namensbeiträgen oder Ergebnissen herausgeben. Das Gleiche gilt für Ausstellungen, Konzerte und Kulturevents und die damit verbundenen Kataloge und Dokumentationen ebenso wie für Sportveranstaltungen. Immer wieder bieten sie eine aktuelle Chance, politisches, soziales, kulturelles oder wissenschaftliches Engagement unter Beweis zu stellen – und für die Nachwelt festzuhalten.

Als im Jahr 2008 von der Initiative ›Deutschland – Land der Ideen‹ im DuMont Reiseverlag das Buch *365 Ideen aus Deutschland, die in die Zukunft tragen* als Reiseführer erschien, waren nicht nur die Bundesregierung, sondern auch die Deutsche Bank als Kooperationspartner und die *Welt* als Medienpartner engagiert, um vom Imagetransfer zu profitieren. Auf knapp 400 Seiten wurden in diesem Werk Ideen aus Deutschland zu allen gesellschaftlich relevanten Themen vorgestellt.

Wieder ganz andere Wege, Bücher als Imageträger einzusetzen, beschritt Nestlé. Zum internationalen Gen-Welten-Projekt erschien 1998 in Zusammenarbeit mit fünf Museen das Buch *Gen-Welten Ernährung,* in dem es um die Auswirkungen moderner Gentechnik ging. Es war ein gemeinsamer Versuch, Museen oder Ausstellungshallen wieder zu einem öffentlichen Forum für zentrale Fragen unserer Gesellschaft zu machen, und das Begleitbuch diente der Dokumentation des Projekts.

Die Liste der Möglichkeiten ist lang. Für ein Corporate Book findet sich also immer ein überzeugender und ganz besonderer Anknüpfungspunkt – Sie müssen nicht unbedingt auf das nächste Jubiläum warten.

## 1.3 Zielgruppen: Wer soll Ihr Buch lesen?

Sie wissen, warum Sie ein Corporate Book publizieren wollen, es gibt dafür einen guten Anlass, gute Motive, und Sie haben interessante Inhalte zu bieten, eine wichtige Botschaft zu vermitteln oder eine gute Geschichte zu erzählen. Doch das allein reicht für den Erfolg nicht aus – wenn Sie nicht ganz genau wissen, wen Sie eigentlich erreichen wollen und ob diejenigen überhaupt etwas von Ihnen lesen wollen. Es geht also um einen Wechsel weg von einer überwiegend absenderbezogenen Perspektive hin zu einer adressatenbezogenen.

Wer also könnte sich für Ihr Werk interessieren? Naheliegend ist eine funktionale Systematisierung – ausgehend von einem engsten Kreis von ›Family and Friends‹, die Sie individuell ansprechen, bis zu einem breiten Lesepublikum, das Sie über den stationären Buchhandel und die Massenmedien erreichen. Wer könnte von all diesen Adressaten zur direkten Zielgruppe Ihres Buchs zählen und unmittelbaren Nutzen daraus ziehen? Wer sind indirekte Nutzer, etwa Multiplikatoren, die das Werk vielleicht nicht selbst lesen, aber zum Erreichen Ihrer Kommunikationsziele wichtig sind? Und wen von all denen möchten Sie mit Ihrem Corporate Book hauptsächlich ansprechen – Ihre Kernzielgruppe?

Daneben können Sie Ihre Zielgruppe nach geografischen Kriterien einteilen: Wollen Sie Leser aus Ihrer Region, in der Sie und Ihr Unternehmen tätig sind, ansprechen, im ganzen Land, im gesamten deutschsprachigen Raum, in anderen Sprachregionen oder weltweit? Je weiter Sie sich von Ihrem Heimatmarkt entfernen, desto schwieriger wird es. Denn Sie müssen kulturelle Unterschiede berücksichtigen, um überall den richtigen Ton zu treffen sowie mit hohen und kostenträchtigen Hürden bei der Suche nach einem Verlag, Übersetzern und anderen Kooperationspartnern rechnen.

**Funktionales Zielgruppencluster: Wer sind die Nutzer von Corporate Books?**

Das gilt auch für die Vermarktung Ihres Werks. Dass Sie fernab der Heimat, gar in der englischsprachigen Welt, leichter größere Zielgruppen erreichen, erweist sich fast ausnahmslos als Trugschluss – sofern Sie nicht vor Ort präsent sind.

## Zielgruppen besser verstehen

Eine Zielgruppe, die sich nicht genau fassen lässt, erschwert die Positionierung und Vermarktung Ihres Buchs. Optimal ist, wenn Sie regelmäßig direkten Kontakt zu den Adressaten Ihres geplanten Werks haben und deren Verhalten, Probleme, Wünsche, Vorlieben und Abneigungen kennen. Eine Beurteilung nach soziodemografischen Faktoren wie Alter, Geschlecht, Bildung, Beruf oder Einkommen hilft ebenfalls dabei, sich ein Bild von Ihren Lesern zu machen.

Darüber hinaus geht die psychografische Segmentierung nach Lebensstilen, die persönliche Werte, Lebensziele, Meinungen, Interessen und Verhaltensweisen berücksichtigt. Sie geht davon aus, dass die meisten Menschen einer bestimmten Gruppe Gleichgesinnter angehören und gleichzeitig Verhalten und Lebensstil anderer Gruppen für sich ablehnen. Ihre Grundauffassung bringen sie unter anderem mit ihren Kauf- und Produktentscheidungen zum Ausdruck.

Wer es ganz genau wissen will: Die Sinus-Milieus der Heidelberger Marktforscher vom Sinus-Institut fassen Gruppen zusammen, die sich hinsichtlich ihrer Lebensauffassung und Lebensweise ähneln. Unterschieden werden die Milieus nach sozialer Lage von der Unter- bis zur Oberschicht sowie nach Grundorientierung von traditionsverwurzelt bis postmodern. Sie geben zudem Auskunft über Arbeit, Beruf, Konsumgewohnheiten, Freizeitverhalten, Wohnstil oder Mediennutzung. Eine ›Kartoffel-Grafik‹ veranschaulicht diese Milieus, die sich hinsichtlich ihrer Größe und ihrer sozialen Lage darstellen lassen. Ausführliche Informationen für Deutschland, Österreich und die Schweiz finden Sie unter www.sinus-institut.de.

Wem das zu kompliziert ist: Auch wir nutzen bei unserer Arbeit im Rahmen der Konzeptentwicklung und Zielgruppenbestimmung ein einfaches und anschauliches Modell. Denn je nach Adressaten und Zweck vermitteln Corporate Books Informationen und Fakten, Tradition und Sicherheit, Innovation und Erlebnis oder Emotion und Nähe. Diesen Funktionen ordnet der Schreibtrainer Hans-Peter Förster in *Texten wie ein Profi* zur einfachen Orientierung vier Farben zu[6], und der Handelsmarketingexperte Claudius Schmitz spricht in seinem Buch *Charismating* von einer ›tierischen Kundentypologie‹ bestehend aus Hai, Eule, Giraffe und Pferd:[7]

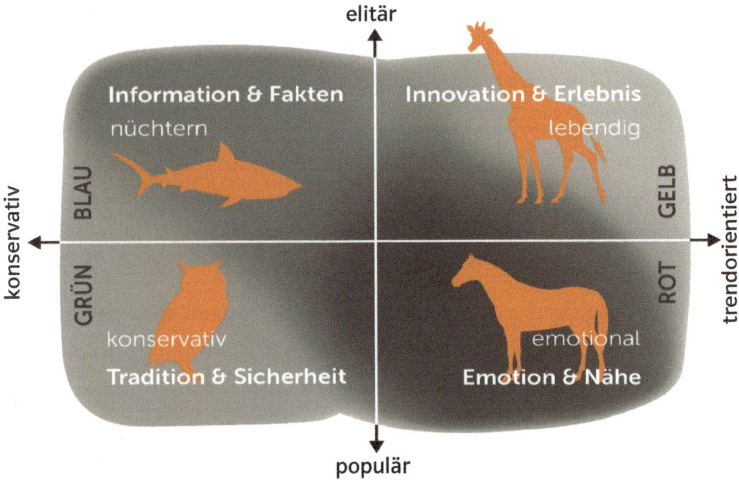


**Zielgruppentypologie: Wie lassen sich die Leser von Corporate Books verorten?**

**Information & Fakten (blau):** Das Buch überzeugt mit Zahlen und Daten. Es ist vollständig, nüchtern, alles genau auf den Punkt gebracht. Solche sachlichen Texte empfehlen sich für Menschen, bei denen Erfolg, Nutzen und Prestige im Vordergrund stehen. Der Lesertyp ›Hai‹ ist rational und statusorientiert, interessiert sich nur für Wichtiges und will Erfolg haben.

**Tradition & Sicherheit (grün):** Qualität, Zuverlässigkeit, Tradition stehen bei dieser Zielgruppe im Vordergrund. Die Adressaten konservativer Corporate Books streben nach Bewährtem und fürchten Überraschungen. Der Lesertyp ›Eule‹ sucht Sicherheit im Erprobten, verzeiht keine Fehler und will es stets ganz genau wissen.

**Innovation & Erlebnis (gelb):** Mit Individualität, Ideen, Witz und Visionen begeistern Sie die Leser. Erlebnisreich publizieren Sie am besten für kreative und fantasievolle Menschen, die das Unkonventionelle lieben und den Mainstream verachten. Der Lesertyp ›Giraffe‹ ist aufgeschlossen, agiert oft und gerne intuitiv, sucht seinen eigenen Weg und will es anders als alle anderen machen.

**Emotion & Nähe (rot):** Im Buch vermitteln Sie Gefühle, Wärme und Geborgenheit. Gefühlsorientierte Texte sprechen Leser an, denen Harmonie und Zuneigung wichtig sind. Der Lesertyp ›Pferd‹ ist emotional, sucht die persönliche Nähe, meidet Konflikte und will geliebt werden.

Diese vier Typen kommen nicht nur in Reinform vor, sondern auch als nüchterner Hai mit emotionalen Pferdeanteilen oder als familienorientiertes Pferd, das am Wochenende kleine Abenteuer sucht.

Nutzen Sie alle verfügbaren Informationen, um Ihre Zielgruppe anschaulich zu beschreiben – über die soziodemografischen Faktoren hinaus: Wo leben die Leser Ihrer Bücher? Wie richten sie sich ein? Welche Musik hören sie? Welche Filme sehen sie sich an? Welche Zeitungen und Zeitschriften lesen sie? Welche Bücher stehen in ihren Regalen? Welche Apps haben sie auf dem Smartphone? Wie kleiden sie sich? Welche Automarke fahren sie? Wohin reisen sie in Urlaub? Welche Hobbys pflegen sie? Welchen Sport treiben sie? Welche Speisen kommen auf den Tisch? Welche Statussymbole sind ihnen wichtig? Woran glauben sie? Was lehnen sie ab? Wovor haben sie Angst? Was bedeutet für sie Glück? Machen Sie sich ein möglichst genaues und umfassendes Bild, so bekommt Ihre Zielgruppe ein konkretes Gesicht – und Sie treffen stets den richtigen Ton. Bekannt ist dieser Ansatz auch als Persona-Konzept, bei dem typische Kunden als fiktive Personen dargestellt werden.

Je genauer Sie die Zielgruppe definieren können, desto leichter fällt es, deren Wünsche und Erwartungen zu erfüllen – und Ihre Publikation kommt umso besser an. Die Frage nach der Zielgruppe

### Wer könnten die Leser unseres Buchs sein?

Hans Schmied, geboren 1954, übernahm nach einer Ausbildung als Elektriker im Handwerksbetrieb seines Onkels und einem Studium der Elektrotechnik 1984, also mit 30 Jahren, die Firma seines Onkels. Innerhalb kurzer Zeit machte er aus dem Handwerksbetrieb ein Unternehmen, das spezielle Lichtsysteme für Ladengeschäfte, Bankfilialen, Arztpraxen und Messestände entwickelte, herstellte und montierte. Zahlreiche Patente schützen die selbstentwickelten Lichtmodule. Im Jahr 2000 gründete Hans Schmied in Europa mehrere Vertriebsniederlassungen. Ab 2010 wurden Teile der Fertigung nach Osteuropa verlegt. Inzwischen verkauft das Unternehmen die Lichtlösungen unter der Marke ›Hamoma‹ an Fachbetriebe in aller Welt.

1982 wurde seine Tochter Julia geboren. Nach einem Studium der Betriebswirtschaft mit Schwerpunkt Marketing trat sie 2010 in das väterliche Unternehmen ein, mit dem Ziel, zu gegebener Zeit die Firmenleitung zu übernehmen. 2024 wird es so weit sein, dann möchte sich Hans Schmied endgültig aus dem operativen Geschäft zurückziehen und seine Tochter an ihrem 42. Geburtstag zur alleinigen Geschäftsführerin machen.

Aus diesem Anlass plant Hans Schmied, zum vierzigjährigen Bestehen seiner Firma ein Buch zu veröffentlichen, in dem nicht nur die Entwicklung seines Unternehmens beschrieben wird, sondern auch die Geschichte der Familie unter

ist dabei untrennbar mit Ihren Motiven, ein Buch zu schreiben, und dem von Ihnen gewählten Anlass verbunden: Alle drei bedingen einander.

Recht einfach lässt sich die Frage nach den Adressaten bei einem Buch beantworten, das als Marketinginstrument genutzt werden soll. Wenn Sie beispielsweise als Coach oder Berater arbeiten, kennen Sie Ihre Zielgruppe sehr genau und können sie nach Alter, Geschlecht, Beruf und Interessen bestimmen – und Sie wissen, wie sie tickt, was sie interessiert, welche Bedürfnisse sie hat und wie sie angesprochen werden will. Das ist auch der Fall, wenn Sie Ihr Buch als Geschenk für Kunden, Mitarbeiter oder Lieferanten konzipiert besonderer Berücksichtigung seines Onkels, der bereits 1989 starb. Er will die Tradition bewahrt sehen und ist der Lesertyp ›Eule‹.

Seine Tochter Julia möchte den Wünschen ihres Vaters nicht im Weg stehen, aber sie verbindet mit dem Buch andere Vorstellungen. Ein asiatischer Konzern hat Interesse an einer Partnerschaft gezeigt, um einerseits nach Europa zu expandieren und um andererseits den globalen Vertrieb der Lichtsysteme zu übernehmen. Erste Verhandlungen waren sehr vielversprechend. Ein modern gestaltetes Corporate Book könnte die Innovationskraft und Zukunftsfähigkeit des Familienunternehmens verdeutlichen und so dessen Attraktivität und Marktwert steigern. Als Lesertyp ›Giraffe‹ sucht sie das Neue und Ungewöhnliche.

Julias Mutter Monika will keine ›so bunte Werbebroschüre‹, wie sie das nennt. Sie hat früher ebenfalls in der Firma mitgearbeitet, galt als der gute Geist des Hauses und war bei Kunden wie Mitarbeitern sehr beliebt. In dem Buch möchte sie ihre Leistung, aber auch die der Mitarbeiter gewürdigt wissen. Sie ist der Lesertyp ›Pferd‹ und hat deshalb die ganze Familie zu einem Gespräch eingeladen, an dem auch ihr Bruder teilnehmen wird. Dieser hat als Ingenieur in einem Verband schon verschiedene Fachbücher herausgegeben und will die Sache auf den Punkt bringen. Er wäre der Lesertyp ›Hai‹.

haben, wenn es die Dokumentation eines Symposiums oder das Begleitbuch zu einer anderen Veranstaltung ist, denn auch diese Zielgruppen sind Ihnen bestens bekannt.

## Den Bedarf realistisch einschätzen

Neben der Zusammensetzung Ihrer Zielgruppe ist auch deren Größe entscheidend. Hinweise darauf geben Ihnen die Mediadaten von Zeitungen und Zeitschriften, welche die gleiche Zielgruppe wie Sie ansprechen, oder die Mitgliederzahlen von Berufsverbän-

**Wer soll Ihr Buch lesen?**

- **Funktional:** Was macht Ihre Zielgruppe, in welcher Funktion ist sie für Sie relevant?
- **Geografisch:** In welchen Regionen erreichen Sie Ihre Leser, in welchen Sprachen?
- **Soziodemografisch:** Welche gemeinsamen Merkmale beschreiben Ihre Zielgruppe?
- **Psychografisch:** Wie ticken Ihre Leser, was ist ihnen wichtig?
- **Quantitativ:** Wie groß ist Ihre Zielgruppe, wie viele Exemplare des Buchs brauchen Sie selbst?

den. Auch Marktforschungsstudien oder Daten von statistischen Ämtern können hilfreich sein. Publizieren Sie Ihr Werk über einen Verlag, kann dieser auf die Verkaufszahlen vergleichbarer Werke und andere Marktdaten zurückgreifen.

Bei Biografien und anderen Werken, die auch im Handel erscheinen sollen, ist die Schätzung, wie groß die Leserschaft sein wird, oft schwierig. Für Dirk Roßmann hingegen etwa war die Antwort einfach: alle in Deutschland und Europa, die seinen Namen oder seine Firma kennen. Dass trotzdem nicht jeder der anvisierten Zielgruppe das Buch kauft, liegt auf der Hand – aber weit über hundertvierzigtausend verkaufte Exemplare sind in jedem Fall ein enormer Erfolg.

Genauso gut kann es sein, dass Sie von vornherein Ihre Unternehmensgeschichte, Biografie oder Memoiren nur für einen kleinen Leserkreis schreiben wollen und auf Publicity geringen oder keinen Wert legen. Solche Bücher, die sich in erster Linie an ›Family and Friends‹ richten, werden in der Regel nicht in den Handel gebracht, können aber dennoch eine Auflage von mehreren hundert Exemplaren erreichen, sofern die Familie und der Bekanntenkreis einschließlich der Geschäftsfreunde entsprechend groß sind. Vielleicht lässt sich das Buch auch an die Mitglieder des Sportvereins, Berufsverbands oder anderer Institutionen verteilen. Aber Achtung: Wenn Sie alle Menschen in Ihrem Umfeld mit Ihrem Œuvre zwangsbeglücken, werden Sie nicht immer auf Gegenliebe stoßen und den Zweck Ihres Buchs vielleicht verfehlen.

Fleißarbeit ist also angesagt. Je konkreter Sie die Zielgruppe benennen können, desto mehr empfiehlt es sich, Namenslisten mit allen Personen, die Ihr Buch erhalten sollen, anzulegen sowie Ihre Adress- und Kundendateien zu durchforsten. So erhalten Sie einen gesicherten ersten Eindruck davon, wie groß der Adressatenkreis wirklich ist und wie hoch die Auflage zumindest ausfallen sollte. In der Praxis zeigt sich nämlich, dass diese Zahlen oft falsch eingeschätzt werden – und dann zu wenig, meist aber zu viele Exemplare vorhanden sind, die Ihren Keller vollrümpeln.

Letztlich ist nicht die Zahl der Menschen, die Sie mit einem Corporate Book erreichen, von Bedeutung, sondern ob es die richtigen sind. Manche Privatdrucke erscheinen nur in Kleinstauflagen von hundert oder weniger Exemplaren, was eine gewisse Exklusivität sichert. Je größer die Zielgruppe ist und erst recht, wenn das Buch in den Handel geht, desto weniger haben Sie es in der Hand, den Eindruck, den Sie bei Ihren Lesern hinterlassen, zu steuern. Zudem können Sie mit ihnen kaum mehr in individuellen Austausch treten und die Wirkung Ihrer Botschaften überprüfen – die Streuverluste sind schlichtweg zu hoch. Umso mehr gilt: Auch gesponserte Bücher, die sich an einen breite Adressatenkreis wenden, sollten nicht als reines Marketinginstrument positioniert werden. Große Zielgruppen erfordern vom Autor eine gewisse Zurückhaltung, denn kaum ein Leser goutiert eine Publikation voller Eigenlob und Werbebotschaften – und die Medien noch viel weniger.

## 1.4 Deutungshoheit: Was möchten Sie öffentlich machen und was nicht?

Autoren und Unternehmen können völlig frei entscheiden, was und wie viel sie über sich veröffentlichen wollen. Diese Deutungshoheit ist ein großes Privileg, wie wir eingangs am Beispiel von Ferdinand Piëch und seinen verpassten Chancen gesehen haben. Besser ist es allemal, die eigene Sicht der Dinge als Erster zu publizieren und damit als Influencer die Richtung vorzugeben, bevor es andere tun.

Wichtig ist das immer dann, wenn es um Ihre persönliche Geschichte geht oder die Ihres Unternehmens, wenn Sie als starke Stimme zu aktuellen oder kontroversen Themen wahrgenommen werden wollen, wenn Sie etwas grundlegend Neues wie Forschungsergebnisse oder innovative Produktionsverfahren bekannt machen oder wenn Sie ein bestimmtes Thema als Experte besetzen wollen. Originalität schafft Exklusivität: Die erste, die originale Stimme findet Gehör, die zweite Stimme schon viel weniger, und die Kopie muss einiges mehr aufbieten sein, um überhaupt noch wahrgenommen zu werden. Denn wer imitiert, verliert – und wer zu spät kommt ebenfalls.

### Publikationen bedingen Öffentlichkeit

Die Frage, mit der viele Autoren ringen: Wie viel kann, wie viel sollte man erzählen? Was braucht es, um überhaupt das Interesse seiner Zielgruppe zu wecken? Wann gibt man zu viel preis oder hilft gar der Konkurrenz auf die Sprünge? Unsere Erfahrung zeigt: Mut zur Offenheit lohnt sich! Schreiben Sie über so viel wie möglich, und ziehen Sie die Grenzen dessen, worüber Sie nicht berichten können, so eng wie nötig. Denn die meisten Leser wollen gern mal hinter den Vorhang blicken, besondere Einsichten gewinnen, an ungewöhnlichen Erfahrungen teilhaben. Berichten Sie über Gelungenes ebenso wie über Fehler, über Erfolge ebenso wie über Fehlschläge auf dem Weg dorthin. Das macht Sie zu einem interessanten, wertvollen und damit geschätzten Gesprächspartner.

Wer hingegen meint, die Deutungshoheit behalten zu können, indem alle dunklen Seiten ausgeblendet werden, irrt. Solche vielleicht wenig rühmlichen Facetten der eigenen Geschichte, wie die Rolle des Unternehmens im Zweiten Weltkrieg oder wirtschaftliche Fehlschläge der Vergangenheit, finden sich schnell in internationalen digitalen Archiven oder sind in der Fachöffentlichkeit bekannt. Werden sie in einer Publikation nicht angemessen berücksichtigt, schadet das Ihrer Glaubwürdigkeit. Und im schlimmsten Fall fördern andere etwas ans grelle Tageslicht, was Sie viel differenzierter hätten einordnen können.

Wie berechtigt ist aber die Furcht, Konkurrenten könnten aus der Lektüre Ihres Corporate Books neue Erkenntnisse gewinnen und Ihnen dann ganz mühelos Ihre Position streitig machen? Tatsächlich passiert das nur äußerst selten und – falls doch – meist durch Abbildungen aus dem Produktionsprozess, die leichtfertig zur Veröffentlichung freigegeben wurden. Echte Geschäftsgeheimnisse, die oft nicht einmal in Patentschriften veröffentlicht wurden, werden Sie in einem Buch sicherlich nicht ausplaudern.

Wer dennoch nichts kundtun will oder darf, braucht kein Buch zu verfassen – oder sollte besser ein Tagebuch schreiben. Denn selbst im exklusiven Privatdruck mit handverlesenem Verteiler ist Vertraulichkeit nicht garantiert. Das musste ein Autor erleben, der mit seinem Werk zu einem ihm wichtigen Anliegen, für das er unzweifelhaft eine hohe Expertise besaß, im Hintergrund Einfluss auf den politischen Meinungsbildungsprozess nehmen wollte. Einem derart beschenkten Politiker gefiel das überhaupt nicht – und er kritisierte Werk, Autor und dessen Standpunkt in den sozialen Medien. Seien Sie sich also bewusst, dass sogar ein enger Adressatenkreis keine Intimität bedeutet, sondern immer Öffentlichkeit herstellt. Publikationen ohne Publikum gibt es nicht.

## Enthüllungsbücher bergen Risiken

Manche Autoren, die eine Biografie veröffentlichen wollen, sehen ein Buch als Chance, endlich mit den Menschen abzurechnen, die ihnen das Leben schwer gemacht haben, und um zu erzählen, was sie ihr Leben lang ärgerte oder belastete. Oft handelt es sich aber um Themen, die vielen Lesern belanglos erscheinen und sie langweilen. Oder noch schlimmer: Die Leser werden peinlich berührt, weil sie von dem Autor zuvor eine ganz andere Vorstellung hatten.

In einem Buch etwas zu enthüllen, ist also eine Gratwanderung oder, wie es der Co-Autor von Ferdinand Piëch ausdrückte, ein ›Spagat der Behutsamkeit‹.[8] Man kann zwar unter vier Augen über alles sprechen, aber nicht alles in einem Buch schreiben. Ohne professionellen Beistand wirft ein Werk, das enthüllen oder skandalisieren will, im günstigsten Fall nur ein schlechtes Licht auf den Autor, im ungünstigsten Fall wird es juristische Konsequenzen nach sich ziehen – und der Verfasser selbst zum Ziel massiver öffentlicher Kritik werden.

Deshalb lassen die meisten Verlage Manuskripte, bei denen es ein gerichtliches Nachspiel geben könnte, die ruf- und geschäftsschädigende Aussagen, Schmähkritik oder gar Beleidigungen enthalten, von versierten Juristen prüfen, um dann abzuwägen, ob sich das mit einer Veröffentlichung verbundene Image- und Kostenrisiko lohnt – oder lehnen eine Publikation von vornherein ab.

## Was Sie nicht schreiben dürfen

Immer wenn Sie über andere schreiben – selbst in bester Absicht –, ist Vorsicht geboten. Schnell sind die Grenzen der Meinungs- und Kunstfreiheit und des öffentlichen Interesses überschritten und Persönlichkeitsrechte berührt, die dem Schutz gegen Beeinträchtigungen des individuellen Lebens- und Freiheitsbereichs dienen. Dabei werden mehrere Sphären des Persönlichkeitsschutzes unterschieden: die Sozialsphäre als Bereich des öffentlichen und beruflichen Wirkens, die Privatsphäre als Bereich eigener Lebensgestaltung, die Geheimsphäre, in der Vertraulichkeit vereinbart oder gesetzlich geregelt ist, sowie die Intimsphäre, die auch bei Prominenten absoluten Schutz genießt.

Das betrifft übrigens genauso weitere Mitglieder Ihrer Familie, wenn Sie in einer Biografie Ihre persönliche Geschichte aufarbeiten, die auch immer die Geschichte anderer ist. Und die müssen nicht damit einverstanden sein, dass über sie geschrieben wird – selbst wenn das in bester Absicht geschieht. Auch ist Vorsicht geboten, wenn in einer Firmenpublikation Mitarbeiter oder andere Akteure dargestellt werden. Beziehen Sie die Betroffenen von vornherein in Ihr Vorhaben ein und lassen Sie sich deren Einverständnis schriftlich geben. Dann kommt es später nicht zu Missverständnissen.

Ein anderes Feld, das für Autoren Risiken birgt, sind Betriebs- oder Geschäftsgeheimnisse, die sie nicht ausplaudern dürfen. Betriebsgeheimnisse umfassen eher technisches Know-how, während Geschäftsgeheimnisse kaufmännische Aspekte einschließen. Das Bundesverfassungsgericht definiert diese Bereiche als »alle auf ein Unternehmen bezogene Tatsachen, Umstände und Vorgänge, die nicht offenkundig, sondern nur einem begrenzten Personenkreis zugänglich sind und an deren Nichtverbreitung der Rechtsträger ein berechtigtes Interesse hat«.[9]

### Was möchten Sie öffentlich machen und was nicht?

**Originalität und Exklusivität:** Zu welchen Themen, Inhalten, Geschichten, Sachverhalten wollen Sie Deutungshoheit erringen oder behalten?

**Leerstellen:** Welche Auslassungen oder blinde Flecken gibt es in Ihrer Publikation, die Ihnen nachteilig ausgelegt werden können?

**Persönlichkeitsschutz:** Sind alle erwähnten oder abgebildeten Personen mit der Veröffentlichung einverstanden – oder so anonymisiert, dass sie für niemanden mehr erkennbar sind?

**Konkurrenz:** An welchen Informationen wollen Sie Wettbewerber ungern teilhaben lassen – und wo Themenführerschaft sicherstellen?

**Betriebs- und Geschäftsgeheimnisse:** Über welche Dinge dürfen Sie auf keinen Fall, über welche nur in sehr allgemeiner Form berichten?

**Publizität:** Wie bereit sind Sie, in die Öffentlichkeit zu treten und mit Lob und Kritik umzugehen?

Grundsätzlich gilt: Alles, was Sie schreiben, muss den Tatsachen entsprechen und müssen Sie selbst belegen können. Der Verweis, dass dieses oder jenes in anderen Medien bereits publiziert wurde, reicht im Streitfall nicht immer aus. Sie sollten sich sehr genau überlegen, was Sie veröffentlichen wollen und dürfen, ob das überhaupt aktuell und von öffentlichem Interesse ist – und sicherheitshalber eine Genehmigung oder professionellen juristischen Rat einholen (siehe Kapitel 4.2).

# 2 Von der Idee zum Konzept: Wie lassen sich Inhalte entwickeln?

Noch bevor überhaupt die erste Zeile geschrieben ist, stellen Sie die entscheidenden Weichen für ein gelungenes Corporate Book. Die Zeit, die Sie am Anfang in eine solide Planung und ein überzeugendes Konzept stecken, macht sich später bezahlt – weil Sie ohne langwierige, fehlerträchtige und teure Umwege Ihr Publikationsziel erreichen.[10]

Einige grundlegende Fragen, die den Rahmen Ihrer Publikation beschreiben, haben Sie bereits in Kapitel 1 kennengelernt: zu Motiven, Anlässen und Zielgruppen. Nun geht es darum, im richtigen Team von der ersten Idee zu einem tragfähigen Konzept zu gelangen, das als verlässlicher Fahrplan für das gesamte Buchprojekt dient.

## 2.1 Co-Creation: Wer hilft bei der Buchentwicklung?

Jede Publikation bedeutet Öffentlichkeit, selbst wenn nur eine genau abgegrenzte Zielgruppe angesprochen wird. Denn letzten Endes muss jedes Corporate Book vor dem kritischen Auge von Lesern, Medien und andere Interessenten bestehen – und sollte ein gutes Licht auf Sie und Ihr Anliegen werfen. So sehr Sie von Ihrem ganz besonderen Projekt überzeugt sind, die potenziellen Adressaten müssen erst noch gewonnen werden.

Manchmal scheint alles verlockend einfach – schließlich wissen Sie, was Sie wollen. Dann reichen eine Zeitleiste für eine Firmenchronik und ein paar Methoden für ein Fachbuch, ergänzt um eine Sammlung von Anekdoten, Lebensweisheiten oder Geschäftsprinzipien. Dass dies nicht originell ist, liegt auf der Hand. Doch wenn Sie an einer wenig überzeugenden, nicht tragfähigen oder gar nicht zu Ihnen passenden Idee festhalten, investieren Sie, vergeblich und unnötig, viel Energie, Zeit und Geld.

Um das zu vermeiden, hat es sich als sinnvoll erwiesen, die Entwicklung eines Buchprojekts möglichst frühzeitig gemeinschaftlich anzugehen – am besten mit erfahrenen externen Experten, deren Know-how Sie sich zunutze machen können. Dadurch lässt sich eine häufig inhaltlich getriebene Absenderperspektive durch einen breiten zielgruppen-, vermarktungs- und medienorientierten Ansatz erweitern. Denn damit ein Corporate Book ankommt, müssen drei unterschiedliche Seiten gut zusammenspielen:

**Autoren & Inhalte:** Ihre Persönlichkeit und Ihr Erfahrungsschatz, Ihre Inhalte, Erfahrungen, Geschichten und Kommunikationsziele bilden die solide, unverwechselbare Basis, die das gesamte Buch trägt.

**Buchmarkt & Verlage:** Der Buchmarkt kennt eigene Gesetzmäßigkeiten – etablierte Standards hinsichtlich Positionierung, Qualität, Produktion, Vertrieb und Warengruppenzugehörigkeit. Das zu ignorieren, gefährdet den Erfolg jeder Publikation.

**Leser & Medien:** Die Adressaten haben eigene Interessen, Erwartungen und Bedürfnisse und wollen diese berücksichtigt sehen. Das gilt genauso für Multiplikatoren und Medien, die das Werk in die Öffentlichkeit tragen.

Nicht alle Seiten haben dabei das gleiche Gewicht. Allerdings werden Sie kaum erfolreich sein, wenn Sie allein Ihre Botschaft im Blick haben, nicht aber die Interessen Ihrer Leser. Oder sich umgekehrt nur fragen, was ›der Markt‹ will – und das wenig mit Ihnen zu tun hat. Oder nicht bedenken, was es braucht, damit sich Ihr Werk professionell vermarkten lässt.

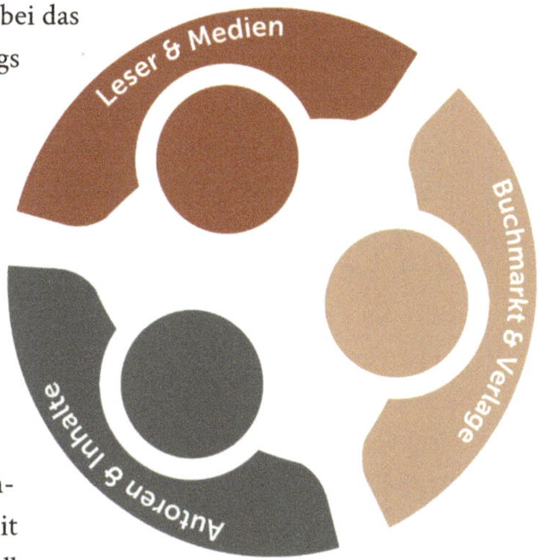


**Buchentwicklung:
Welche Seiten müssen zusammenspielen?**

## Know-how von Experten nutzen

Es kann sein, dass Sie schon eine konkrete Vorstellung für ein Corporate Book haben, die Sie richtig gut finden. Dann ist jetzt die Gelegenheit, diese mit erfahrenen Büchermachern zu diskutieren, deren Tragfähigkeit und Marktfähigkeit zu bewerten und zu klären, ob und wie sich Ihre Ziele umsetzen lassen. Die Schlagworte hierfür lauten ›Editorial Consulting‹ oder ›Buchcoaching‹.

Wenn Sie mit einem renommierten Verlag oder einer etablierten Literaturagentur im Gespräch sind, verfügen Sie bereits über geeignete Ansprechpartner, die Ihr Projekt kompetent beurteilen können. Neben Editorial Consultants und Buchcoaches können Ihnen freiberufliche Lektoren, Ghostwriter oder PR-Profis als professionelle Sparringspartner dienen. All diese Experten werden es

Ihnen nicht leicht machen, denn aufgrund ihrer Erfahrung haben sie einen geschulten Blick für Stärken und Schwächen von Buchideen. Aber genauso für das Besondere, das es unbedingt wert ist, veröffentlicht zu werden, und vielleicht nur der Schärfung bedarf.

Selbst wenn Sie jetzt noch keine konkrete Vorstellung davon haben, wie Ihr Corporate Book aussehen soll, was Fokus und Inhalt sein sollen – die genannten Experten helfen Ihnen genau dabei. Denn im Team entstehen bessere Ideen als im stillen Kämmerlein, und mehr Spaß macht es obendrein. Zudem vermeiden Sie eine zu euphorische Innensicht, die später von den Lesern Ihres Werks nicht gleichermaßen geteilt wird, von den Medien noch viel weniger. Mit einer zusätzlichen, relativierenden Perspektive passiert Ihnen das nicht so schnell.

Denkbar ist außerdem, dass Sie neben ausgewiesenen Buchexperten einen oder mehrere Vertreter der Zielgruppe einbinden, denn diese sollen Ihr Corporate Book schließlich kaufen, lesen, rezipieren. Genauso können Sie das Know-how von Ihren Mitarbeitern, Kunden oder Geschäftspartnern nutzen. Dabei gibt es noch einen weiteren Vorteil: Ein gemeinsamer Kreativprozess wirkt sich nicht nur positiv auf den Inhalt, sondern auch auf Ihr Image aus und stärkt die Bindung zu Ihrem Unternehmen und zu Ihnen.

Zugleich besteht allerdings die Gefahr, dass Ihr Vorhaben verwässert oder zerredet wird, wenn es zu viele Beteiligte gibt. Schließlich will sich jeder einbringen und seinen Beitrag umgesetzt sehen. Im schlimmsten Fall kapern andere Ihr Projekt, um sich selbst in Szene zu setzen. Dem beugen Sie vor, indem Sie Aufgaben, Ziele und Grenzen der Zusammenarbeit von Anfang an transparent kommunizieren, Ihre Projektpartner sorgfältig auswählen und sich dabei auf nachweisbare Referenzen und Arbeitsproben ebenso wie auf Ihr gutes Gefühl verlassen. Im Zweifel gilt: Wenige (wirklich Engagierte) bringen mehr!

**Wie finden Sie den richtigen Experten für Ihr Corporate Book?**

**Innen- versus Außenperspektive:** Haben Sie alle Seiten der Buchentwicklung im Blick? Neben der inhaltlich orientierten Absenderperspektive die zielgruppen-, medien- und marktorientierte Sicht?

**Projektsparring:** Wer steht Ihnen als Sparringspartner mit Rat und Tat bereits zur Seite? Was können Sie selbst tun?

**Kompetenzen und Referenzen:** Welches Know-how und welche zusätzlichen Perspektiven, die Ihnen (noch) fehlen, bringen die externen Experten mit ein? Über welche nachweisbaren Erfahrungen und Schwerpunkte verfügen sie?

**Vertrauen und Offenheit:** Haben Sie Vertraulichkeit vereinbart? Besitzen Sie genügend Vertrauen, sich Ihren Projektpartnern gegenüber zu öffnen und mit Ihnen auf Augenhöhe zu agieren?

**Nutzungsrechte:** Erhalten Sie sämtliche inhaltlich, räumlich und zeitlich unbeschränkten Nutzungsrechte an der gemeinsamen Arbeit?

## Die richtigen Sparringspartner finden

Wie erkennen Sie die richtigen Partner? Über die fachliche Expertise können Sie sich anhand von Empfehlungen, Arbeitsproben und Vergleichsprojekten einen genauen Eindruck verschaffen. Bedenken Sie dabei, dass Ihre potenziellen Mitstreiter hin und wieder Vertraulichkeitsvereinbarungen unterliegen und deshalb nicht alle Referenzen offenlegen können.

Fast noch wichtiger als das fachliche Know-how ist ein gemeinsames Grundverständnis, auch auf einer persönlichen Ebene, denn Sie müssen und wollen über einen langen Zeitraum zusammenarbeiten. Dafür braucht es nicht nur verbindliche und transparente Vereinbarungen, sondern vor allem Offenheit – besonders wenn es um vertrauliche, gar heikle Themen geht. Zwar gehört nicht alles, worüber Sie sprechen, ins Buch, aber einzigartige Ideen finden sich oft erst, wenn alle Karten und wichtiges Hintergrundwissen auf den Tisch gelegt werden. Gute Sparringspartner haben immer das Gesamtziel im Blick und agieren deshalb vertrauensvoll als ›Trusted Advisor‹[11] auf Augenhöhe. Sie stellen deshalb eine Fülle (manchmal unangenehmer oder überflüssig erscheinender) Fragen, statt Ihnen mit vorgefertigten Antworten eine schnelle, standardisierte Lösung zu präsentieren.

Ihre Projektpartner sollten sich mit Ihnen und Ihrem Vorhaben identifizieren – ohne sich mit Ihnen gemeinzumachen. Denn sie müssen auf jeden Fall eine professionelle Distanz wahren, die begründete Einwände ebenso erlaubt wie frische Ideen. Können Sie Ihren Wunschpartner nicht für sich gewinnen, vielleicht aus rein terminlichen Gründen: Sehen Sie sich weiter um, Sie werden ganz sicher fündig werden.

Sicherstellen sollten Sie, dass Ihnen die Nutzungsrechte für gemeinsam entwickelte Konzepte gehören – Sie diese also räumlich und zeitlich uneingeschränkt für Ihr Corporate Book verwenden und gegebenenfalls anpassen können. Auch in dieser Hinsicht ist es wichtig, alle Ergebnisse der Zusammenarbeit regelmäßig und nachvollziehbar zu dokumentieren. Ob Sie dann live vor Ort oder online per Videokonferenz zusammenarbeiten, ist eine Frage des Geschmacks und der Gegebenheiten: Beides funktioniert bei optimaler Vorbereitung gut. Und letztlich ist die Technik weniger entscheidend als die Bereitschaft zum offenen Austausch.

## 2.2 Autorschaft: Wer soll Autor sein und warum?

Nicht so banal, wie sie auf den ersten Blick wirken mag, ist die Frage, wer als Autor oder Herausgeber genannt werden soll und für die Inhalte des Corporate Books in das Licht der Öffentlichkeit tritt. Denn jedes Buch braucht nicht nur einen Titel, sondern auch einen oder mehrere Autoren beziehungsweise Herausgeber bei Sammel- oder Mehrautorenwerken. Ansonsten ist es in Buchhandlungen, Bibliotheken und Katalogen schwer auffindbar und für die Medien wenig attraktiv, da ein präsentabler Kopf fehlt.

Die bibliografische Autorennennung muss dabei nicht unbedingt deckungsgleich mit dem Urheber sein, dem tatsächlichen Schöpfer des Werks. Denn bei der Autorschaft geht es vorrangig um die mit einem Corporate Book beabsichtigte Öffentlichkeitswirkung. Wenn ein Autor das Werk selbst verfasst hat, ist die Sache klar: Er steht auf dem Titel, sein Name wird bibliografiert. Aber vielleicht hat ein Ghostwriter oder Journalist das Buch als Auftragsarbeit verfasst – dann ist zu klären, wer als Autor genannt werden soll. So steht für Trainer, Coaches und Berater außer Frage, dass ihr eigener Name auf dem Cover prangt, falls sie das Buch als Marketinginstrument einsetzen möchten, selbst wenn es ein anderer für sie verfasst hat.

Der Autorenname kann auch ein Pseudonym sein. Allerdings ist das bei Corporate Books selten der Fall, schließlich wollen Sie in der Regel explizit Sichtbarkeit schaffen. Es sei denn, Sie versprechen sich von einem wohlklingenderen ›Künstlernamen‹ mehr Erfolg, publizieren auf einem völlig anderen Gebiet als von Ihnen erwartet, wollen Verwechslungen mit Namensvettern vermeiden, sich ganz dem Rampenlicht entziehen oder mit Ihren Lesern Katz und Maus spielen.

Bei Unternehmenspublikationen ist die Autorschaft oft besonders schwierig zu entscheiden: Soll es der Gründer, Inhaber oder Geschäftsführer sein, ein Familienmitglied oder jemand aus dem Freundeskreis, eine themenkundige Führungskraft oder vielleicht der Marketing- oder Pressechef? Und wie sieht es aus, wenn an der

### Von Danksagungen, Vor- und Geleitworten

Sollen diejenigen, die an dem Buch maßgeblich mitgearbeitet haben, gewürdigt werden, ist dafür in einer Danksagung Platz, manchmal auch im Vorwort. Bedenken Sie in diesem Fall jedoch: Wenn Sie all die Personen, die Ihnen bei der Arbeit an Ihrem Corporate Book zur Seite gestanden haben, bereits im Prolog auflisten, ist das für viele Leser oft uninteressant und manchmal ziemlich nervig. Dann ist eine eigene Danksagung am Ende des Buchs der bessere Ort, um seine Wertschätzung angemessen zum Ausdruck zu bringen. Übrigens: Nicht alle, die in irgendeiner Form an der Entstehung des Werks mitgewirkt hat, müssen zwangsläufig erwähnt werden. Oft ist es sogar wertvoller, wenn sie ein Exemplar mit persönlicher Widmung als Geschenk erhalten.

Eine besondere Rolle nimmt in vielen Corporate Books das Geleitwort ein. Es unterscheidet sich von einem Vorwort dadurch, dass es nicht vom Autor selbst stammt und somit nicht Teil des eigentlichen Texts ist. Die Verfasser eines Geleitwortes können durchaus eigene Interessen verfolgen: Ein Bürgermeister hebt in einer Firmenchronik die wirtschaftliche Bedeutung des Standorts hervor oder ein Verbandsvorsitzender die Bedeutung der Branche. Manche Autoren hoffen, dass Geleitworte ihrem Buch zusätzliche Bedeutung verleihen und der Verbreitung nützen.

Spitze ein ganzes Managementteam steht oder Kunden und Mitarbeiter mitgewirkt haben: Wer wird genannt und wer nicht?

Die scheinbar einfache Lösung lautet: Das Unternehmen fungiert als Herausgeber. Doch selbst wenn es in dem Buch um die ganze Firma geht und viele Beteiligte zu Wort kommen, ist dringend davon abzuraten, als ›Autor‹ den Unternehmensnamen, gar noch mit allen gesellschaftsrechtlich relevanten Zusätzen, zu nennen. Schnell entsteht der Eindruck, dass die Verantwortlichen sich hinter der vermeintlich neutralen Firma nur verstecken oder, schlimmer noch, es sich bei dem Buch um eine plumpe Werbepublikation handelt.

Übrigens: Autor im urheberrechtlichen Sinn kann immer nur ein Mensch sein oder natürlich mehrere, nicht aber ein Unternehmen oder eine juristische Person. An diese werden die Urhebernutzungsrechte dann aus Gründen der Rechtssicherheit vertraglich übertragen. Bei Auftragsproduktionen, wenn Dritte, Journalisten oder Ghostwriter für Sie oder Ihre Firma schreiben, ist die schriftlich fixierte Überlassung der Nutzungsrechte ohnehin unabdingbar (siehe Kapitel 4.2).

## Selbstdarstellungen glaubwürdig meistern

Geht es in dem Buch um Sie selbst, um Ihre ganz persönliche Lebensbeschreibung oder Ihr Unternehmen, bieten sich zwei überlegenswerte Alternativen: Soll das Werk als von Ihnen selbst verfasste Autobiografie (zum Beispiel *Becoming* von Michelle Obama) beziehungsweise Selbstdarstellung Ihres Unternehmens (zum Beispiel *Zukunft gestalten. Die Siemens-Unternehmer 1847 bis 2018* vom Siemens Historical Institute) erscheinen? Oder als eine von einem anderen Autor verfasste Geschichte über Sie (zum Beispiel *Michelle Obama* von Liza Mundy) beziehungsweise Ihre Firma (zum Beispiel *Siemens. Anatomie eines Unternehmens* von Daniela Decurtins)?

Eine Autobiografie kennt nur eine Erzählperspektive: die persönliche Ich- oder Wir-Form. Sie bietet jedoch den Vorteil der kaum anfechtbaren Insider-Kenntnis, der Innenschau und der Reflexion eigener Gedankengänge, Gefühle oder Entwicklungsschritte. Ob sie tatsächlich von Ihnen selbst geschrieben wird, steht auf einem ganz anderen Blatt – bei vielen ›Autobiografien‹ prominenter Persönlichkeiten ist das nicht der Fall.

Wenn Sie eine Biografie oder Firmenchronik von einem anderen Autor über sich schreiben lassen, hat das Vorteile. Bei einer

Autobiografie oder Firmenchronik empfinden viele Leser die Herausstellung eigener Verdienste und Erfolge schnell als unangenehmes Eigenlob, selbst wenn diese vollkommen berechtigt sind. Wenn Sie hingegen in einer Biografie oder Unternehmenshistorie von anderen gelobt werden, wird das von den Lesern eher akzeptiert – dieses Lob stammt ja aus neutraler Feder. Der Verfasser kann zudem die Erzählweisen weit auffächern, Sie und auch andere zu Wort kommen lassen. Es ist möglich, Zitate aus den Medien zu verwenden, Gespräche mit Ihnen oder Dritten wiederzugeben, zu interpretieren und zu bewerten.

Sie selbst können entscheiden, ob der Autor sich mit Ihnen kritisch auseinandersetzen oder wertfrei Fakten wiedergeben soll oder ob Sie ihm eine eigene Meinung erlauben und diese vielleicht sogar wünschen. Je entspannter und offener Sie mit sich, Ihrem Unternehmen und Ihrem Werdegang umgehen, desto glaubwürdiger und sympathischer kommen Sie rüber. Dann können Ihnen auch kleine Misserfolge und Schwachstellen nicht schaden, sondern Sie besonders nahbar und menschlich wirken lassen.

Gehört Ihr (Unternehmens-)Biograf zur Familie, zum Freundeskreis oder zur Firma, wird man es ihm nicht übelnehmen, wenn er Sie wohlwollend betrachtet. Von einem Autor, der nicht zu Ihrem Umfeld gehört, erwarten die Leser hingegen Neutralität oder zumindest eine kritische Distanz. Über all das können Sie mitentscheiden.

Sofern Sie bereits als Person oder Unternehmen im Licht der Öffentlichkeit stehen, kann es passieren, dass ein Dritter aus kommerziellem oder investigativem Interesse über Sie schreibt, gar ein Buch mit Enthüllungscharakter und reißerischem Titel. In solch einem Fall können Sie froh sein, wenn Sie darin mit Ihrer eigenen Sicht auf die Dinge zu Wort kommen. Besser, wie im eingangs geschilderten Fall von Ferdinand Piëch, ist jedoch stets, Sie bestim-

### Übersicht: Wer kann Autor sein?

- Fungiert das Unternehmen als Herausgeber? Oder reale Menschen?
- Schreibt ein einzelner Autor? Ein kleines oder großes Autorenteam? Oder gibt es in einem Sammelwerk mehrere Namensbeiträge?
- Schreiben Sie oder andere Insider über sich? Oder neutrale Dritte über Sie?
- Ist der Gründer, Inhaber oder Geschäftsführer Autor? Der Marketing- oder Presseleiter? Oder eine andere themenkundige Führungskraft?
- Wer verfasst eventuell ein Geleit-, Vor- oder Nachwort?
- Wer wird auf dem Titel, im Impressum oder in der Danksagung genannt?

men selbst die Agenda und behalten die Deutungshoheit über Ihre Person, Ihr Leben und Ihr Wirken.

## Wenn es um die ganze Firma geht

Den Firmennamen als Autor oder Herausgeber anzugeben, ist keine gute Idee – das wissen Sie bereits. Aber was sind die Alternativen?

Wenn es um eine Firmengeschichte geht, bei der nicht Sie als Person im Mittelpunkt stehen, können Sie diese natürlich selbst als Autor schreiben beziehungsweise schreiben lassen. Sie erzählen dann von anderen Akteuren, beispielsweise von den Firmengründern, wie Sie diese gesehen und erlebt haben. Sie selbst nehmen nur eine untergeordnete Rolle ein, die durchaus auch autobiografische Züge zulässt.

Möchten Sie, dass Sie selbst mehr in den Mittelpunkt gerückt werden, ist es günstiger, anderen Familienmitgliedern oder Unternehmensangehörigen die Autorschaft zu übertragen – oder, noch besser, neutralen Dritten. Handelt es sich bei der Unternehmensgeschichte oder der Biografie um ein historisches Werk, kann der Name eines renommierten Fachautors den Inhalt des Werks aufwerten. Dasselbe gilt bei fach- oder branchenspezifischen Themen, die eine besondere Herangehensweise und Expertise verlangen.

Geht es in Ihrem Buch um spezielle Firmenthemen, die von mehreren Führungskräften oder Fachleuten verantwortet werden, bietet es sich an, in die Rolle des Herausgebers zu schlüpfen und einzelne Namensbeiträge zusammenzuführen, die zeigen, wie breit die Kompetenz des Unternehmens aufgestellt ist. Solche Themenbücher können zwar von mehreren Autoren oder auch einem Autorenteam geschrieben werden, doch ist es kaum sinnvoll oder überzeugend, einen unendlichen Rattenschwanz von Autoren auf den Titel zu setzen, wie es bei Publikationen in wissenschaftlichen Journalen oft der Fall ist. Zwei bis maximal drei Autoren sind genug.

Keine Regel ohne Ausnahme: Natürlich können Sie auch bei einem großen Autorenteam, Stichwort Co-Creation, die Credits angemessen verteilen. So werden in *Business Model Generation* von Alexander Osterwalder und Yves Pygneur als Verfasser genannt, aber auf dem Cover steht unterhalb der Autorenzeile in gleich großer Schrift: »Entwickelt in Zusammenarbeit mit 470 überwältigenden Profis aus 45 Ländern.«

## 2.3 Konzeption: Wie entsteht ein überzeugender Entwurf?

Die wichtige Frage der Autorschaft ist geklärt, aber noch stehen Idee und Struktur, Inhalte und Inszenierung nicht unverrückbar fest. Doch angesichts der Tatsache, dass jedes Jahr Zigtausende Bücher neu erscheinen, braucht es eine durchdachte Konzeption.[12]

## Aspekte der ›Blattkritik‹

- **Erfolgsanalyse:** War die letzte Publikation ein Erfolg? Warum (nicht)? Wie war die Resonanz? Wie hoch waren die Absätze? Wurden die Publikationsziele erreicht?
- **Optimierungspotenziale:** Was lief gut, was schlecht? Was könnte besser oder anders werden und wie? Was braucht es dafür?
- **Motivation:** Warum wollen Sie wieder ein Buch veröffentlichen?

Denn auf ein weiteres Buch wartet kaum jemand – selbst wenn Sie es für hochrelevant halten.

Um dennoch aufzufallen und sich positiv vom Wettbewerb abzuheben, bedarf es von Anfang an eines klaren und unverwechselbaren Konzepts. Dabei helfen bewährte Methoden aus der agilen Projektentwicklung. Wenn es gelingt, Ihr besonderes Werk passgenau in Szene zu setzen, erreichen Sie auch Ihre Publikations- und Kommunikationsziele (siehe Kapitel 1).

## Buchidee ausarbeiten

Bevor Sie mit Neuem loslegen, heißt es innezuhalten. Sollten Sie bereits ein Buch veröffentlicht oder an einem mitgewirkt haben, lohnt sich ein Rückblick – im Journalismus nennt man das ›Blattkritik‹.

Seien Sie ehrlich mit sich selbst, schließlich möchten Sie alte Fehler nicht wiederholen und neue vermeiden. Mit der Erfahrung, die Sie bei früheren Werken gewonnen haben, wissen Sie heute viel genauer, was wichtig ist, funktioniert und sinnvoll ist.

Ihre Absenderkompetenz ist wichtig, denn die Leser wollen wissen, wer da schreibt und warum. Doch allzu oft ist für Dritte auf den ersten Blick gar nicht ersichtlich, wer Sie oder Ihr Unternehmen sind, wofür Sie stehen, was Sie Besonderes machen und was Sie damit von anderen abhebt. Fragen Sie sich deshalb: Warum tun Sie eigentlich das, was Sie tun? Aber auch: Wer macht Ähnliches wie Sie? Und wie können Sie sich deutlich von diesen Wettbewerbern abgrenzen? Was machen Sie anders und besser? Ein kritischer und neugieriger Blick in den Spiegel hilft, sich der eigenen Stärken bewusst zu werden. Und diese bilden den Ausgangspunkt für Ihr Tun und damit für ein besonderes Corporate Book.

Was aber wollen Sie als Absender, und was wünschen oder gar erwarten Ihre Adressaten? Dafür stellen Sie sich am besten einen typischen Vertreter Ihrer Kernzielgruppe vor, eine Persona (siehe Kapitel 1.3). Versuchen Sie nun, dessen konkrete Erwartungen an Ihr Corporate Book möglichst kurz und bündig aufzuschreiben. Denn daraus lässt sich das zentrale Nutzenversprechen (Value-Proposition) ableiten: Wobei hilft das Buch der Zielgruppe? Das ist die Grundlage für die Buchidee und das inhaltliche Konzept.

Sie haben nicht nur eine zentrale Buchidee gefunden und formuliert, sondern vielleicht sogar mehrere? Dann gilt es zu entscheiden, welche am besten auf Ihre Ziele einzahlt und die Interessen Ihrer Adressaten besonders gut bedient. Schauen Sie sich auch an, welche Arten von Büchern es rund um das Thema und für die anvisierte Leserschaft bereits gibt und was deren konzeptioneller Ansatz ist. Wollen Sie sich an diesen vergleichbaren Werken orientieren oder einen eigenen Weg gehen?

Es sind fast immer die Details, die den entscheidenden Unterschied machen. Überlegen Sie, welche Details es bei Ihrer Publikation sind. So lässt sich sehr genau beschreiben, was Ihr Corporate Book besonders macht und womit es aus der Masse hervorsticht. Dieser Gesichtspunkt wird übrigens nochmals eine entscheidende Rolle spielen, wenn es um die Verlagssuche (siehe Kapitel 4.1) und später um die Vermarktung Ihres Werks geht (siehe Kapitel 4.4).

### Wie Buchtitel wirken

Buchtitel können den Inhalt eines Werkes auf sehr unterschiedliche Weisen transportierten. Hier sind die sieben wichtigsten Ansätze:

| | |
|---|---|
| **Deskriptive Titel** | beschreiben den Inhalt, nennen die Zielgruppe oder prägen Begriffe. |
| **Agitierende Titel** | verdeutlichen Standpunkte, eröffnen Debatten oder fordern Einsatz. |
| **Versichernde Titel** | greifen Bewährtes auf, schaffen Sicherheit oder liefern ein Mustread. |
| **Narrative Titel** | ziehen mitten in den Text, stellen Fragen oder setzen den Ton. |
| **Emotionale Titel** | schaffen Nähe, wecken Gefühle und sind sinnlich. |
| **Metaphorische Titel** | nutzen einprägsame Bilder, Symbole oder Analogien. |
| **Expressive Titel** | überraschen, fallen auf und machen neugierig. |

Diese unterschiedlichen Ansätze lassen sich auch miteinander kombinieren, zum Beispiel durch einen aufmerksamkeitsstarken Haupttitel mit einem beschreibenden oder erklärenden Untertitel.

Ein prägnanter Titel, ergänzt durch einen Untertitel, bringt die Buchidee auf den Punkt – und ist schwer zu finden. Häufig prallen unterschiedliche Vorstellungen aufeinander. Der Titel soll den Inhalt des Werks beschreiben, aber noch viel mehr soll er Neugier wecken, in Erinnerung bleiben und das Werk ›verkaufen‹. Daneben soll er einzigartig sein, sich in Bibliografien und Buchkatalogen einfach finden lassen und darf nicht schon von anderen verwendet werden – Stichwort Titelschutz (siehe Kapitel 4.2).

Da der Buchtitel oft das Erste ist, was von einem Werk wahrgenommen wird, kommt ihm eine hohe Bedeutung bei der Vermarktung zu. In der Filmindustrie ist laut Untersuchungen der Titel zu mehr als 40 Prozent für den Kassenerfolg verantwortlich.[13] Denn er hilft, bei der Zielgruppe Aufmerksamkeit hervorzurufen und die richtigen Erwartungen zu wecken. Für die Buchbranche bestätigt die bislang einzige Studie zu diesem Thema, dass der Haupt- und Untertitel zusammen mit dem Umschlagmotiv die Kaufentscheidung besonders stark beeinflussen – übrigens weit mehr als irgendwelche Marketingmaßnahmen.[14] Noch viel wichtiger: Der Titel ist die mit Abstand kostengünstigste und immer zur Verfügung stehende Werbemaßnahme, die sich für jedes Werk bietet.

Geben Sie sich also nicht mit einer mittelmäßigen Lösung zufrieden. Mit einem Titel wie *100 Jahre Hauptbahnhof Karlsruhe. Verkehrskreuz im Südwesten* locken Sie außer eingefleischten Fans, die das Werk sowieso finden und kaufen würden, kaum jemanden hinterm Ofen hervor. Wahrscheinlich müssen Sie einige Kreativrunden drehen, um zu einer überzeugenden Formulierung zu gelangen. Die Mühe lohnt sich in jedem Fall, selbst wenn es momentan nur um einen vorläufigen Arbeitstitel geht, bestehend aus Haupt- und Untertitel – aber auch der soll andere von Ihrem Publikationsvorhaben überzeugen. Denn: Ein guter Titel wirkt![15]

## Inhalte in einer Content-Map sortieren

Die Buchidee steht, es gibt zumindest einen vorläufigen Arbeitstitel, nun kann es an die inhaltliche Arbeit gehen. In drei Schritten entsteht eine ›Content-Map‹. Dabei empfiehlt es sich, mit (realen oder digitalen) Haftnotizen zu arbeiten, die Sie bei Bedarf schnell umsortieren können.

**Inhalte auflisten (Compilation):** Sammeln Sie zunächst den für das Corporate Book relevanten Content. Es geht um diese Fragen: Was wollen Sie unbedingt sagen, erzählen, zeigen, vermitteln? Was sind Ihre Kernthesen, wichtigsten Aussagen, spannendsten Beispiele, besten Geschichten? Listen Sie alles auf, zunächst ungeordnet und ohne um jedes Wort zu ringen – das können Sie später noch in Ruhe ausarbeiten.

**Inhalte zusammenbringen (Clustering):** Bündeln Sie den gesammelten Content. Welche Inhalte gehören zusammen und ergeben eine sinnvolle Einheit? Fassen Sie ähnliche Aspekte zusammen, und lösen Sie Doppelungen auf. Inhalte, die sich (noch) nicht zuordnen lassen, stellen Sie an die Seite; nebensächliche oder irrelevante Aspekte können Sie aussortieren.

**Inhalte strukturieren (Priorisierung):** Bringen Sie die einzelnen Content-Cluster in eine sinnvolle und schlüssige Reihenfolge. Überlegen Sie dabei auch: Was sind übergeordnete Themen für Hauptkapitel, welche lassen sich in Unterkapiteln einordnen?

Sofern zahlreiche relevante Inhalte, Themen und Geschichten in Ihrem Buch behandelt werden, fallen Clustering und Priorisierung nicht leicht: Je nach Perspektive können sich sehr unterschiedliche Möglichkeiten ergeben, Inhalte sinnvoll anzuordnen. Legen Sie eine Pause ein, und treten Sie ein paar Schritte zurück, um ›geheime‹ Muster zu erkennen. Das Ergebnis ist eine wohlgeordnete Content-Map, die alle relevanten Inhalte in eine nachvollziehbare Struktur bringt – die Storyline des Corporate Books. Nicht alles wird dabei völlig neu sein, im Grunde geht es um eine interessante und passgenaue Inszenierung: Der rote Faden des Werks wird sichtbar.

Die Redensart vom ›roten Faden‹, der sich durch Vorträge, Texte aber auch Musik- und Theaterstücke zieht und den Grundgedanken oder das Grundmotiv meint, wodurch alles zusammengehalten wird, hat ihren Ursprung in einem Zitat aus Goethes *Wahlverwandtschaften*: »Wir hören von einer besonderen Einrichtung bei der englischen Marine. Sämtliche Tauwerke der königlichen Flotte, vom stärksten bis zu schwächsten, sind dergestalt gesponnen, daß ein rother Faden durch das Ganze durchgeht, den man nicht herauswinden kann, ohne alles aufzulösen, und woran auch die kleinsten Stücke kenntlich sind, dass sie der Krone gehören. Ebenso zieht sich durch Ottiliens Tagebuch ein Faden der Neigung und Anhänglichkeit, der alles verbindet und das Ganze bezeichnet.«[16] Dieser rote Faden findet sich als Grundmotiv nicht nur auf der gedanklichen, sondern auch auf der sprachlichen und der strukturellen Ebene. Nur wenn diese drei erkennbar aufeinander abgestimmt sind, können Sie die Zielgruppe dazu verführen, sich für Ihr Buch zu begeistern.

Deshalb brauchen die Inhalte auf der Content-Map noch etwas Politur: Finden Sie für die Kapitelüberschriften treffende Headlines und ein für das gesamte Buch einheitliches Wording – wofür die gleichen Regeln wie bei der Titelfindung gelten. So wirkt Ihr Corporate Book bereits beim ersten flüchtigen Blick ins Inhaltsverzeichnis durchdacht und lesenswert.

## Durch Storytelling Leser gekonnt verführen

In der Content-Map haben Sie die Storyline entwickelt, die einem logischen Aufbau folgt. Beim Storytelling geht es mehr um die narrative Komponente: wie Sie eine Geschichte erzählen. Denn Sie wollen die Leser Ihres Corporate Books angemessen mit Information und Emotion ansprechen, gleichzeitig aber Monotonie vermeiden.

Naheliegend sind oft ›natürlich‹ wirkende Inszenierungen: Sie können chronologisch vom Anfang bis Ende erzählen, vom Problem zur Lösung, von außen nach innen, von groß zu klein, von wichtig zu unwichtig – oder genauso umgekehrt. Das funktioniert, ist aber wenig überraschend und nicht in jedem Fall ein Narrativ, bei dem die Leser gespannt bei der Stange bleiben.

2020 erschien in Deutschland das, wie es auf der Homepage des Verlags heißt, »vielleicht wichtigste Buch« des Wirtschaftsnobelpreisträgers Robert J. Shiller mit dem Titel *Narrative Wirtschaft. Wie Geschichten die Wirtschaft beeinflussen.* Darin stellt Shiller die These auf, dass Narrative das Verhalten von Menschen und somit auch die Wirtschaft massiv prägen. Es seien sinnstiftende Erzählungen, die Werte und Emotionen transportierten und so Einfluss darauf hätten, wie die Umwelt wahrgenommen werde.[17]

Der Begriff ›Narrativ‹ findet hierzulande gerade erst Verbreitung,[18] der Begriff ›Storytelling‹ ist dagegen schon lange gebräuchlich. Seinen Ursprung hat das Storytelling in dem 1949 erschienenen Buch *Der Heros in tausend Gestalten,* in dem der amerikanische Literaturprofessor Joseph John Campbell darlegt, dass in der Mythologie eigentlich immer nur ein und dasselbe Thema auf unterschiedliche Weise erzählt wird.[19] Die Idee, die Campbell vorstellte, hatte eine nicht zu unterschätzende Wirkung auf das Geschichtenerzählen in Büchern und Filmen, aber ebenso im Marketing. Denn auch hier kommt es darauf an, dass sich das Publikum an eine gute Geschichte erinnert und das Produkt, Unternehmen oder einzelne Köpfe wiedererkennt. Wichtig ist also, die richtigen Geschichten für die anvisierten Zielgruppen zu finden und entsprechend zu erzählen.

In gewisser Weise folgt das Narrativ der Heldenreise damit dem Grundmuster des klassischen Dramas mit Anfang, Höhepunkt und Ende. Zum Beispiel: vom Problem über die Lösung zu weiterführenden Fragen oder von einer positiven Entwicklung über den (schwierigen) Weg zur zukunftsträchtigen Anwendung. Ganz gleich, ob es ganz allgemein um Chronologisches und Biografisches geht oder ganz konkret um bestimmte Entwicklungen und Veränderungsprozesse: Solche Grundmuster und die entsprechenden Akteure gibt es in jedem Unternehmen.

## Heldenreise

In seinem Buch *Warum das Gehirn Geschichten* liebt beschreibt der Schweizer Marketingexperte Werner T. Fuchs, wie unser Gehirn bestimmte Informationspakete als Geschichten verpackt und speichert.[20] Dabei folgen sie dem von Joseph John Campbell entdeckten Grundmuster der Heldenreise:

| | |
|---|---|
| **Ruf des Abenteuers:** | Es gibt einen Mangel, eine Bedrohung oder eine Aufgabe in der vertrauten Welt – der Protagonist muss aufbrechen und etwas verändern. |
| **Verweigerung:** | Er weigert sich, dem Ruf zu folgen, oder trifft auf Widerstand. |
| **Begegnung mit dem Mentor:** | Ihm begegnet ein Helfer, der ihn in seinem Vorhaben bestärkt. |
| **Überschreiten der ersten Schwelle:** | Der Held überquert die erste Schwelle, nach der es kein Zurück gibt. |
| **Freunde, Feinde und Prüfungen:** | Er muss sich bewähren und Schwierigkeiten überwinden. |
| **Entscheidungskampf:** | Es kommt zur Feuerprobe als entscheidender Prüfung. |
| **Belohnung:** | Es folgt die Belohnung, der Gewinn des Schatzes oder von Wissen. |
| **Rückweg:** | Der Held tritt mit Ängsten und Zweifeln die Rückreise an. |
| **Erneuerung:** | Er erkennt, dass es keine Rückkehr in das Gewohnte gibt, und hat sich zu einer neuen Persönlichkeit entwickelt. |
| **Rückkehr:** | Der Protagonist kommt gereift in die Alltagswelt zurück und gewinnt dadurch Anerkennung. |

Für die Heldenreise existieren diverse Modelle mit unterschiedlichen Stationen. Deren Muster müssen Sie nicht sklavisch folgen, Sie können einzelne Stationen auslassen oder deren Reihenfolge anpassen – Hauptsache es passt zu Ihrem Projekt. Ein Beispiel mit zwölf Stationen ist das Buch *Erzählende Affen. Mythen, Lügen, Utopien. Wie Geschichten unser Leben bestimmen* von Samira El Ouassil und Friedemann Karig.

Es muss dabei nicht immer die Firmen- oder Familiengeschichte sein, die dargestellt wird. Es ist auch möglich, auf diese Weise Marken- oder Produktgeschichten zu erzählen oder aus dem eigenen Erfahrungsschatz zu berichten. Um die Leser zu fesseln und nicht zu ermüden, braucht es für die Inszenierung echte Menschen als Figuren, die Emotionen wecken, vielleicht eine Prise Humor oder etwas Drama, einen guten Erzählbogen und natürlich ein interessantes Thema. Wer hingegen Banalitäten auswalzt, die nur dem Absender selbst wichtig sind, betreibt kein Storytelling.

Die Mischung aus Informationen und Emotionen wird nach den Erkenntnissen der Neurowissenschaften am besten im Gedächtnis gespeichert. Analogien, Beispiele und Bilder sind hierfür probate Vehikel, die sich einheitlich und stimmig durch das ganze Buch ziehen sollten. Damit nehmen Sie die Leser auch bei komplexen Themen mit. Und Sie nehmen sie noch mehr für sich ein, indem Sie sie das miterleben lassen, was auch die Akteure erleben. Dabei müssen Sie, selbst in Sachbüchern, keine Angst vor Dialogen haben. Denn diese brechen lange Textabschnitte auf, enthüllen mehr über einzelne Charaktere, erlauben zusätzliche Blickwinkel oder veranschaulichen wichtige Aspekte. Das gilt ebenso für Elemente der Reportage, die zudem eine besondere Nähe zu Menschen und Unternehmen herstellen können: Die Leser bekommen das Gefühl, live dabei zu sein.

Übrigens kann es eine gute Idee sein, einen Perspektivwechsel vorzunehmen und eine Geschichte mit den Augen anderer zu erzählen. So eröffnen sich überraschende Einsichten, wenn beispielsweise nicht die Firma ihre Historie nacherzählt, sondern vielleicht ein einzigartiges Produkt der ›Star‹ ist und auf die Welt blickt, wenn nicht das Management über Erfolge berichtet, sondern Mitarbeiter und Kunden über überraschende Anwendungen. Und manchmal reicht bereits der Wechsel von einem erfahrenen, allwissenden Autor zu einem suchenden und lernenden, der besondere Identifikationsmöglichkeiten schafft.

Narrative Sachbücher müssen nicht der Zeitachse folgen, auf der die geschilderten Ereignisse stattfanden. Sie können bestimmte Hauptereignisse an den Anfang stellen, um die Leser in das Buch hineinzuziehen – eine Art Cliffhanger. Es sind oft Momente, in denen es um Emotionen, um große Verluste oder Gewinne, um folgenreiche Entwicklungen oder Entscheidungen geht, welche die Aufmerksamkeit der Leser fesseln. Vielleicht ist es auch besonders interessant, die Geschichte in einem Rückblick zu erzählen: Sie beginnen beispielsweise mit einem guten (oder mit dem dicken) Ende und erzählen nach und nach, wie es dazu kam.

Besonders eindrucksvoll ist es, wenn Sie vom Anfang zum Ende einen großen Bogen schlagen können, mit wiederkehrenden Elementen, und das Ende mit dem Anfang in Beziehung steht. Unabhängig davon, wie Sie den Beginn und den Schluss des Buchs gestalten: Es sollte sich für den Leser wie eine diskret geführte Reise anfühlen – das sagte schon Joseph Campbell.

## Den richtigen Ton treffen

Der Ton macht bekanntlich die Musik. Dafür müssen Sie sich nochmals die Zielgruppe Ihres Corporate Books genau vor Augen führen, wie sie tickt und wie sie angesprochen werden will (siehe Kapitel 1.3). Denn Sie wissen: Der ›Hai‹ im blauen Sprachstil mag es nüchtern und auf den Punkt gebracht. Die ›Eule‹ im grünen Sprachstil setzt auf Bewährtes und sucht Sicherheit. Die ›Giraffe‹ im gelben Sprachstil sucht das Neue und Ungewöhnliche. Und das ›Pferd‹ im roten Sprachstil mag es gefühlvoll und nahbar. Wie das konkret aussehen kann, zeigen wir Ihnen in vier Beispieltexten:

## Ein Text – vier Sprachstile

**Information & Fakten (blau)** In der Nacht vom 18. zum 19. Januar 2007 zog Orkan Kyrill über Mitteleuropa hinweg. Auch Schmied Lichttechnik war betroffen, wenngleich nicht besonders schwer: Auf dem Firmengelände wurden zwei Bäume entwurzelt und einige Fenster der Produktionshalle durch umherfliegende Äste zerstört. Allerdings waren in der Region auch Hochspannungsleitungen durch den Sturm beschädigt worden, und aufgrund des Stromausfalls stand die Produktion für einen Tag still. Der Seniorchef schickte die Mitarbeiter nach Hause, damit sie sich um mögliche eigene Schäden kümmern konnten. Nach dem Wochenende lief der Betrieb wieder wie gewohnt an.

**Tradition & Sicherheit (grün)** Der Orkan Kyrill zog in der Nacht vom 18. zum 19. Januar 2007 mit bis zu 225 Kilometern pro Stunde über Mitteleuropa hinweg. Das Firmengelände erreichte er genau um 18.47 Uhr und entwurzelte zwei alte Eichen. Die umherfliegenden Äste zerstörten sieben Fenster der Produktionshalle. Da auch die Hochspannungsleitungen durch den Sturm beschädigt worden waren, fiel im Umkreis von 55 Kilometern der Strom aus, und die Produktion stand am Freitag, den 19. Januar, still – zum ersten Mal in der Unternehmenshistorie. Hans Schmied schickte alle Mitarbeiter deshalb gleich nach Hause, damit sie sich um ihre eigenen Schäden kümmern konnten. Am Montag, den 22. Januar, lief der Betrieb mit der Frühschicht um 6.30 Uhr wieder wie gewohnt an. Die Schäden an den Gebäuden waren schon nach einer Woche beseitigt. Und für die Kosten des Produktionsausfalls kam die Asos Assekuranz AG auf, bei der die Firma seit ihrer Gründung versichert ist.

**Innovation & Erlebnis (gelb)** Wumm, ein lautes Krachen. Das Splittern von Scheiben. Ein ungeheurer Blitz – Lightshow at its best. Und plötzlich: zappenduster. Januar 2007, Orkan Kyrill powered sich über Europa aus – auch über uns. Ein bisschen totes Holz hier, ein paar Scherben da – bringen ja Glück. Ein Mega-Team, das gleich anpackt, aufräumt, den Laden fix wieder zum Laufen bringt. Mama, die mit Kannen voller Kaffee für Good Vibes sorgt. Papa, der cool bleibt und sich mehr um seine Mitarbeiter als um die Company sorgt. So proud auf euch alle, so schaffen wir die nächsten 40 Jahre!

**Emotion & Nähe (rot)** Als der Sturm Kyrill über das Land zog, wurden wir mitten in der Nacht durch ein lautes Krachen geweckt. Zum Glück blieben wir alle unversehrt. Als dann auch noch der Strom ausfiel, holte ich ein paar Kerzen hervor, fachte unseren Holzofen an und kochte für Julia und meinen Mann Tee. Hans war kurz draußen gewesen, um nachzusehen, was vielleicht kaputtgegangen war. »Es ist nicht so schlimm, Monika«, beruhigte er uns. Am nächsten Tag kochte ich für unsere Mitarbeiter ein paar Kannen Kaffee. Sie halfen uns, die umgestürzten Bäume klein zu sägen, die kaputten Fenster abzudichten und die Reste der Scheiben in der Produktion aufzufegen. Mehr konnten wir an diesem Tag nicht tun. Wieder einmal hatten wir großes Glück gehabt!

## Was gehört in ein Exposé?

**Arbeitstitel** Wie lauten Titel und Untertitel? Diese sollen das Werk nicht nur beschreiben, sondern vor allem die Neugier wecken, es zu lesen.

**Inhalt** Was ist die Kernidee Ihres Corporate Books, und was sind die zentralen Aussagen? Beschreiben Sie in wenigen Zeilen, was ihr Buch einzigartig, nützlich und lesenswert macht.

**Struktur** Wie soll das Werk aufgebaut sein? Erstellen Sie eine kommentierte Gliederung, die den roten Faden nachvollziehbar macht, auch für Leser, die nicht mit der Materie vertraut sind. Ein gutes Inhaltsverzeichnis kann zudem entscheidend dafür sein, ob das Buch gelesen wird oder nicht.

**Autor** Wer sind die Autoren oder Herausgeber, und was qualifiziert sie? Stellen Sie die Urheber kurz mit Werdegang und bisherigen Publikationen vor.

**Zielgruppe** Wer soll Ihr Corporate Book lesen? Wie groß ist die Zielgruppe? Beschreiben Sie diese möglichst genau und anschaulich.

**Verkaufsargumente** Warum sollte die Zielgruppe dieses Buch lesen? Ist es für andere Menschen interessant, lesenswert und vielleicht sogar hilfreich? Warum sollten Buchhändler es verkaufen? Warum sollten Journalisten darüber berichten? Nennen Sie lieber ein oder zwei überzeugende Argumente als eine Vielzahl an austauschbaren Allgemeinplätzen.

Oft empfiehlt es sich, schon in einem frühen Projektstadium einen kurzen Probetext zu verfassen – am besten anhand einer Passage, die inhaltlich und stilistisch repräsentativ für das ganze Werk ist. Daran können Sie überprüfen, ob Sie wirklich den richtigen Ton treffen, wie viel Zeit Sie voraussichtlich für die gesamte Schreibphase einplanen müssen und ob bereits diese kurze Leseprobe Lust auf mehr macht. Einen solchen Probetext werden Sie ohnehin spätestens dann benötigen, wenn Sie einen Verlag als Partner für Ihr Corporate Book gewinnen wollen.

**Konkurrenz** Welche vergleichbaren Veröffentlichungen gibt es? Welche halten Sie für gut, welche nicht und warum? Was können Sie als Vorbild oder Anregung nehmen, und was wollen Sie anders machen? Fast immer gibt es Konkurrenz – entscheidend ist, wie sich Ihr Werk davon positiv abhebt.

**Vermarktung** Wie soll das Corporate Book vermarktet werden, und was können Sie selbst dafür tun? Wie viele Exemplare brauchen Sie selbst? Haben Sie tragfähige Kontakte zu Multiplikatoren und Medien? Welche Institutionen oder Unternehmen könnten an der Verbreitung interessiert sein? Welche Verlage kommen infrage? Listen Sie alle Vermarktungsmöglichkeiten auf.

**Umfang** Wie umfangreich wird das Werk sein? Geben Sie die Zeichenzahl (inklusive Leerzeichen) an sowie die Zahl der Abbildungen und Tabellen.

**Termin** Wann soll das Manuskript fertiggestellt sein, wann das Buch erscheinen? Ein Zeithorizont ist für die Planung wichtig – nicht nur, wenn der Anlass ein Jubiläum oder eine Veranstaltung ist.

**Besonderheiten** Gibt es noch etwas, was für Ihr Projekt wichtig ist? Listen Sie alle Punkte auf, die für andere von Interesse sein könnten.

**Leseprobe** Gibt es eine repräsentative Textprobe? Falls ja, zeigen Sie auf 10 bis 20 Seiten, wie Sie an das Thema herangehen.

## Exposé als Masterplan

Ein aussagekräftiges Exposé ist ein Muss für jedes Publikationsprojekt. Es verdichtet Ihre bisherigen Überlegungen. Es fasst Buchidee, Konzept und Inhalte sowie sämtliche wichtigen Informationen auf wenigen Seiten so zusammen, dass sie für Dritte auf Anhieb nachvollziehbar sind. Wem es hier nicht gelingt, das Projekt auf den Punkt zu bringen, wird sich auch auf mehreren hundert Seiten schwertun.

Ein Exposé verfolgt mehrere gleichermaßen wichtige Ziele: Erstens ist es der verbindliche Masterplan für das Publikationsvorhaben. Damit dient es zweitens als Briefing für andere Projektbeteiligten, die sich während des gesamten Buchentstehungsprozesses daran orientieren können. Und drittens ist ein starkes Exposé der entscheidende Verkaufsprospekt bei der Suche nach einem Verlag, nach Kooperationspartnern oder Sponsoren, die Sie von sich und Ihrer Publikation überzeugen wollen.

# 3 Vom Konzept zum Manuskript: Wie bringt man Inhalte in Form?

In den ersten beiden Kapiteln haben wir gezeigt, welche Überlegungen notwendig sind, um die Grundlagen für ein überzeugendes Corporate Book zu schaffen. Doch der schwierigste Teil liegt noch vor Ihnen: die Arbeit am Manuskript.

Schnell stellt sich die Frage: selbst schreiben oder lieber schreiben lassen? Eine hohe Authentizität – was nicht immer gleichbedeutend mit Qualität ist – entsteht fast automatisch, wenn der Unternehmer selbst schriftstellerisch tätig wird. Doch oft gerät das Vorhaben ins Stocken, nachdem eine Handvoll Seiten zustande gekommen sind. Dafür gibt es zwei wesentliche Gründe: Entweder hat der Autor wenig Lust zu schreiben und sieht es eher als eine lästige Pflicht, oder er schreibt zwar gern und gut, findet aber neben seinen beruflichen Aufgaben überhaupt keine Zeit dafür.

Die naheliegende Lösung lautet dann, Freunde, Bekannte oder Mitarbeiter um Hilfe zu bitten. Hierbei stehen die besonderen Beziehungsaspekte innerhalb einer solchen Subautorschaft der kritisch-konstruktiven Zusammenarbeit mit befriedigendem Ergebnis entgegen. Bei der Begleitung von Autobiografien kommt eine psychologische Komponente hinzu, denn es ist nicht leicht, die notwendige Distanz zum Autor einzuhalten.

All das gilt genauso bei der Frage, wer das Buch später redaktionell überarbeitet, Korrektur liest, layoutet und so weiter. Nur in den seltensten Fällen sind Unternehmer und deren Umfeld als Gelegenheitsautoren und -verleger in der Lage, ein Corporate Book ohne Unterstützung optimal zu schreiben, zu gestalten und fertigzustellen. Sie unterschätzen schlichtweg den Aufwand, den Zeitfaktor und die Erfordernisse einer professionellen Publikation.

## 3.1 Experten: Wer kann sinnvolle Hilfestellung geben?

Wenn Sie bereits in der Konzeptionsphase mit einem Experten zusammengearbeitet haben, wird Ihnen dieser auch bei der Suche nach einem Partner für die Manuskripterstellung behilflich sein. Gibt man Begriffe wie ›Ghostwriter‹, ›Corporate Book‹, ›Unternehmensbuch›, ›Biografie‹ oder ›Firmenchronik‹ im Internet ein, stößt man auf unzählige Einträge, die eher Verwirrung stiften als Orientierung bieten. Das Angebot an einschlägigen Angeboten ist enorm: Freiberufliche Autoren, Berater, Journalisten, Pressebüros und Literaturagenten bieten ihre Dienste ebenso an wie große Verlage mit entsprechenden Serviceabteilungen, Content-Agenturen oder Unternehmen aus dem Bereich der Familienforschung.

Da fällt die Auswahl schwer, zumal der erste Treffer, den die Suchmaschine bei der Recherche ausspuckt, nicht der beste und seriöseste sein muss. Besonders dann nicht, wenn er irgendwelche Geheimrezepte, einen Bestseller oder andere Wunder verspricht. Selbst vorherige Erfolge sind keine Garantie für künftige. Wir können es gar nicht stark genug betonen: Das Geschäft mit Büchern ist ein People-Business, bei dem es neben fachlicher Kompetenz immer auch um die persönliche Passung geht. Greifen Sie deshalb am besten auf reale Erfahrungen, verifizierbare Referenzen und glaubwürdige Empfehlungen zurück: von anderen Autoren oder Exper-

### Warum ein misslungenes Buch teurer ist als eine gute Beratung

Auch wenn professioneller Rat nie billig ist, sollten Sie bei Konzeption und Erstellung eines Corporate Books nie am falschen Ende sparen. Bedenken Sie, dass ein misslungenes Buch teurer ist als eine gute Beratung. Denn es geht dabei nicht nur um das verschwendete Geld für die Produktion, sondern auch um den viel schwerer wiegenden Imageschaden.

Bücher misslingen aus sehr unterschiedlichen Gründen, weil zum Beispiel der Auftraggeber beratungsresistent ist, weil ein Berater unbedingt seine Standardlösung durchsetzen will oder weil sich Beteiligte nicht auf ergebnisoffene Diskussionen einlassen wollen. Oder weil der beauftragte Verlag nur am Umsatz interessiert ist, nicht aber an den Kommunikationszielen, nur am Gewinn, der mit der Produktion und Ausstattung des Buchs gemacht wird, nicht jedoch an dessen Inhalten.

Ein weiterer Grund: Familienmitglieder oder Mitarbeiter sehen sich im Buch nicht richtig oder ausreichend dargestellt oder halten sich für viel kompetenter als Autor oder Ghostwriter. Gibt der Autor dann um des lieben Friedens willen einen Teil seiner Deutungshoheit ab, gefällt das Buch am Ende wahrscheinlich weder ihm noch seiner Familie oder dem Unternehmen.

Hinzu kommen unzählige Fehlerquellen inhaltlicher und stilistischer Natur, von orthografischen oder typografischen Fehlern ganz zu schweigen. Oder von justiziablen Scherereien, falls Sie unbeabsichtigt Rechte Dritter verletzen und am Ende das Buch gar vom Markt nehmen müssen.

Um all das zu vermeiden, durchläuft jedes Buch bei seinem Herstellungsprozess viele Stufen, die alle einer professionellen Begleitung bedürfen. Leider machen es sich auch manche Verlage zu einfach: Statt zu beraten und nachvollziehbare Qualitätsmaßstäbe anzulegen, überlassen sie wichtige Entscheidungen vermeintlich großzügig ihren Autoren, zum Beispiel über Titelformulierung. Umschlaggestaltung, Ausstattung, Layout, Typografie, Druckqualität und Ladenpreis. Doch Autoren verfügen nur selten über einschlägige Erfahrungen darüber, welche Tragweite ihre Entscheidungen haben und was das für die Qualität des endgültigen Werks bedeutet. Und hier sprechen wir noch gar nicht über das Thema Selfpublishing und seine besonderen Herausforderungen.

ten aus der Medien- und Buchbranche. Auch das Impressum, das Vorwort oder die Danksagung vergleichbarer Bücher kann bei der Suche nach geeigneten Unterstützern eine gute Orientierung liefern.

Haben Sie einen oder mehrere potenzielle Unterstützer gefunden, nehmen Sie zunächst per Mail, Telefon oder Videokonferenz Kontakt auf und stellen Ihr Publikationsvorhaben vor. Dabei lernen Sie sich kennen, stecken die Rahmenbedingungen ab und klären erste Punkte. Professionelle Anbieter werden Ihnen einige präzise Fragen, unter anderem zu Ihren Kommunikationszielen, stellen und vor allem wissen wollen, ob es bereits ein ausgearbeitetes Konzept gibt. Denn ohne Plan wird niemand mit der Arbeit am Buchinhalt beginnen können und wollen. Liegt ein ausführliches Projektexposé (siehe Kapitel 2.3) vor, gibt es unterschiedliche Formen der Hilfe, die Sie bei der Manuskripterstellung in Anspruch nehmen können: Schreibcoaching, Co-Writing oder Ghostwriting.

### Durch Schreibcoaching mit jeder Zeile besser werden

Ein Buchcoach oder Autorenberater begleitet Sie mit Anregungen und Kritik während des Textentstehungsprozesses, schreibt aber nicht selbst. Seine Tätigkeit ähnelt denen eines Redakteurs oder Lektors. Doch während diese sich üblicherweise erst mit dem fertigen Manuskript als Ganzes befassen und verbessernd in den Text eingreifen, wird der Schreibcoach Sie als Sparringspartner von Kapitel zu Kapitel begleiten, Ihnen bei Fragen zur Seite stehen, Sie auf Un- und Missverständliches ebenso wie auf Fehler hinweisen. Er sorgt außerdem dafür, dass Sie im Schreibfluss bleiben.

Schreibcoaching ist also Hilfe zur Selbsthilfe: Sie strukturieren, recherchieren und schreiben selbst – aber regelmäßiges Feedback macht Ihre Texte besser. Nebenbei lernen Sie einige Profitricks, mit denen Ihnen das Schreiben leichter fällt, Sie schneller vorankommen und weniger Patzer machen. Coaching wird somit zum Training. Wichtig dabei: Damit Sie Ihre Zielgruppe für sich und

Ihr Anliegen gewinnen, Ihnen keine Fehler unterlaufen und Sie sich keine Blöße geben, ist ein kritisches, aber wertschätzende Feedback unverzichtbar – und dieses müssen Sie auch annehmen wollen. Professionelles Schreibcoaching eignet sich somit für alle, die Freude am Schreiben haben, etwas Talent, vielleicht erste Erfahrungen und vor allem ausreichend Zeit mitbringen.

Wie eng die Begleitung durch einen Schreibcoach sein sollte, hängt von Ihren konkreten Bedürfnissen und Ihrem Budget ab. Sie legen fest, ob Sie nach jedem Kapitel oder jedem Unterkapitel Feedback bekommen wollen, wöchentlich, vierzehntägig oder monatlich. Seltener sollten Sie sich aber nicht zusammenfinden, sonst geht der Schwung verloren.

## Co-Writer und Co-Autoren sparen Zeit und Geld

Co-Writing nimmt einen Platz zwischen Schreibcoaching und Ghostwriting ein. Sinnvoll ist das immer, wenn ein Autor vielleicht nur die gute Idee zum Buch hatte, ein paar inhaltliche Skizzen, einzelne Sprachmemos, lose Rohtexte oder einen unfertigen Manuskriptentwurf. Der Co-Writer fügt dann Vorhandenes zusammen, poliert es auf, ergänzt es durch eigene Texte. Das ist vom Aufwand her zumindest immer ein Intensivlektorat, das eine umfangreiche redaktionelle Überarbeitung aller Texte mit sich bringt, und passagenweise echtes Ghostwriting. Von vornherein genau abgesprochen ist, wer welche Aufgaben übernimmt. Wer was beisteuert, wer welche Kapitel schreibt und welche Texte überarbeitet, wer welche Recherchen macht oder welche Interviews führt.

Obwohl es ähnlich klingt und die Grenzen fließend sind: Ein Co-Writer ist kein Co-Autor, sondern ein Dienstleister im Auftrag des eigentlichen Autors und damit wie ein Ghostwriter meist

## Book-Sprint als Alternative

Book-Sprints sind eine innovative Methode, Bücher gemeinsam in sehr kurzer Zeit, sogar innerhalb weniger Tage, zu verfassen. Für diesen kollaborativen Schreibprozess finden sich etwa fünf bis fünfzehn Autoren zusammen, die Experten auf ihrem Gebiet sind. Sie können hierbei auch Mitarbeiter, Kunden oder Geschäftspartner einbeziehen oder Rechercheure, Fachjournalisten oder Grafiker, um noch fehlende Expertisen einzubringen und die Buchentstehung zu beschleunigen.

Ein ›Facilitator‹ begleitet den gesamten Book-Sprint, achtet auf die Einhaltung von Regeln und Abläufen und sorgt dafür, dass sich jeder Teilnehmer einbringt. Denn alle sind gleichberechtigt, alle teilen ihr Know-how, alle schreiben mit, alle überarbeiten die Texte der anderen und schaffen so eine einheitliche Qualität und Tonalität. Es gibt nur wenige feste Vorgaben wie eine Deadline; selbst das Buchkonzept wird manchmal erst im Verlauf des Sprint-Prozesses erarbeitet. Somit eignet sich diese Methode besonders für Mehrautorenwerke, für Ergebnisdokumentationen, Leitfäden oder Branchenüberblicke – und etwas weniger für Firmenbücher oder Biografien, bei denen die persönliche Komponente des Autors im Vordergrund steht.

Als Ghostwriting-Sprint kann man einem oder zwei Hauptautoren mehrere Co-Writer, Journalisten, Rechercheure oder Redakteure an die Seite stellen, um den langwierigen Prozess der Texterstellung abzukürzen. Wichtig sind in jedem Fall ein genaues Projektbriefing, transparente Entscheidungsprozesse, ein gemeinsames Qualitätsverständnis – und natürlich engagierte Mitstreiter.

unsichtbar. Eine Mitautorschaft bezeichnet hingegen eine erkennbare und manchmal sogar gleichberechtigte Zusammenarbeit, sodass der Co-Autor auf dem Umschlag, zumindest aber im Innentitel, vielleicht in kleinerer Schrift, Erwähnung findet.

Verbreitet ist der Einsatz von Mitautoren vor allem im englischsprachigen Raum, und dort besonders in der Belletristik. Der Krimiautor James Patterson macht keinen Hehl daraus, mit weiteren Autoren zusammenzuarbeiten, und nennt diese auch auf dem Cover. Auf diese Weise soll es Patterson geschafft haben, in einem einzigen Jahr zehn Bücher zu schreiben, in denen es um unterschiedliche kriminalistische Ermittlerteams geht. Patterson sieht seine Kernkompetenz als ›Lead-Autor‹ darin, komplizierte Handlungsstränge zu entwickeln, nicht aber einzelne Situationen auszumalen. Besonders in der amerikanischen Literatur werden Spezialisten beauftragt, die den Hauptautoren zuarbeiten. Manche haben sich auf Landschaftsbeschreibungen fokussiert, andere auf Dialoge und wieder andere auf historische Hintergrundinformationen.

Genauso kann es in Corporate Books sinnvoll und notwendig sein, Co-Writer zu beauftragen, um vorhandenes Material zu einem schlüssigen Ganzen zusammenzufügen, oder Co-Autoren hinzuzuziehen, um eine korrekte Darstellung zu gewährleisten. Dies gilt zum Beispiel für die detaillierte Beschreibung von technischen Prozessen oder politischen und wirtschaftlichen Ereignissen, die sich auf ein Unternehmen ausgewirkt haben, diesem aber in den Einzelheiten nicht vollkommen bekannt sind.

## Warum ein Ghostwriter meist die beste Wahl ist

Der wichtigste Unterschied zwischen Co-Writer und Ghostwriter ist, dass der Ghostwriter autorenzentriert arbeitet und dessen Denken und Sprechen, Themen und Geschichten autonom zu Papier bringt. Vielen Corporate Books verhilft ein Ghostwriter zum Erfolg.[22]

Doch ist das überhaupt legitim? Im August 2022 verursachte die Wochenzeitung *Die Zeit* einen ziemlichen Wirbel darum, dass die Publizistin Maja Göpel ihren Sachbuchbestseller *Die Welt neu denken* mithilfe eines Ghostwriters geschrieben hatte, der nicht genannt worden war und auch nicht genannt werden wollte. *Die Zeit* versuchte, den Eindruck zu erwecken, dass es sich hierbei um eine Form des Plagiats handele und dies Betrug an den Lesern sei.[23] Doch das war sicher nicht der Fall, zumal die Fachliteratur gängiges und erlaubtes Ghostwriting und nicht erlaubtes Plagiat klar unterscheidet.[24] Auch die Autorin selbst hatte offen über ihre Schreibhilfe gesprochen und diese als Gewinn für ihr Buch bezeichnet.[25] Genau das soll gutes Ghostwriting leisten.

Ein Ghostwriter ist darin geübt, die Ideen und Inhalte eines Buchs verständlich und lebendig zu formulieren. Er weiß, dass das Buch hauptsächlich der Zielgruppe gefallen soll und erst dann dem Autor, der sich damit trotzdem jederzeit identifizieren können muss. Er ist zugleich in der Lage, schwierige Dinge so einfach wie möglich zu formulieren und auf schwer verständlichen Fachjargon zu verzichten. Er kennt die Tricks, wie er die Leser mit Informationen und Emotionen anspricht und zugleich Monotonie oder Plattitüden vermeidet.

Ein Ghostwriter schreibt nur, was Sie ihm zu erzählen bereit sind oder als Quellen verfügbar machen. Verweisen Sie nicht nur auf das bestehende Konzept, sondern erklären Sie im persönlichen Gespräch, was Sie mit dem Buch erreichen und welche Leser Sie ansprechen wollen, was Ihnen besonders wichtig ist und welche Tonalität der Text haben soll.

Je mehr Zeit Sie für Interviews, Hintergrundgespräche und Fragen aufbringen können, desto besser ist es für die Arbeit des Ghostwriters und damit für das Ergebnis. Geben Sie alles weiter, was Sie an Informationen haben, auch Hintergründe, die nicht aufgeschrieben werden sollen. Lassen Sie den Ghostwriter wissen, ob er eigene Recherchen anstellen soll und welche weiteren Personen, Materialien und Quellen ihm zur Verfügung stehen. Soll er auch eventuell notwendige Abbildungen beschaffen oder macht das jemand anders? Klären Sie außerdem, in welchem Umfang er Reisen unternehmen und Ausgaben tätigen darf.

Meist werden Sie gemeinsam mit dem Ghostwriter das Buchkonzept nochmals durchgehen und feinjustieren. Ausgehend von

**Mit einem Ghostwriter arbeiten - ja oder nein?**

- **Zeitbudget:** In welchem Umfang stehen Sie für Interviews und Fragen zur Verfügung?
- **Input:** Was können Sie an Informationen, Unterlagen, Archivmaterial und Kontakten liefern?
- **Zusammenarbeit:** Wie soll der Abstimmungsprozess zwischen Ihnen, dem Ghostwriter und eventuell weiteren Beteiligten ablaufen?

den Interviews mit Ihnen und anderen Beteiligten, dem zur Verfügung gestellten Material sowie den eigenen Recherchen erarbeitet der Ghostwriter im nächsten Schritt die Kapitelinhalte. Diese Gliederung ist die Grundlage für die erste Manuskriptfassung.

Auch wenn Ghostwriter nicht gern halbfertige Zwischenergebnisse aus den Händen geben, ist es ratsam, zu Beginn der Manuskripterstellung eine Leseprobe zu fordern. So können Sie erkennen, ob Tonalität und Qualität des Texts Ihren Vorstellungen entsprechen, und bei Bedarf schon früh korrigierend eingreifen. Sagen Sie möglichst genau, was Ihnen gefällt und was nicht und ob Sie sich gut wiedergegeben fühlen. Je konkreter Sie sind, desto besser kann der Ghostwriter weiterschreiben. Was nicht passieren sollte: dass Sie nach jedem Text, der Ihnen vorgelegt wird, das Corporate Book neu erfinden. Zum Beispiel, dass Sie das grundlegende Thema des Buchs infrage stellen, Ihr Lebensmotto ständig neu formulieren oder vereinbarte Kapitelinhalte immer wieder umstellen.

Sobald die erste Fassung des Gesamtmanuskripts vorliegt, sollten Sie genügend Zeit einplanen, diese gemeinsam mit dem Ghostwriter zu überarbeiten. Auch hier gilt: Scheuen Sie sich nicht davor, Änderungen, Korrekturen und Ergänzungen vorzunehmen. Wenn dann dies alles zu Ihrer Zufriedenheit eingearbeitet worden ist, können Sie den Text endgültig freigeben.

**Arbeitsschritte und Zeitplan**

- **Interviews:** Wann, wie und wo finden Interviews und Hintergrundgespräche statt?
- **Texterstellung:** Bis wann sollen die erste Leseprobe, erste Fassung des Manuskripts sowie das verlagsreife Gesamtmanuskript fertiggestellt sein?
- **Freigabeprozess:** Wann und vom wem werden eventuell erforderliche Freigaben eingeholt?

Ein gutes Ghostwriting braucht seine Zeit, in der Regel mehrere Monate bis zu einem Jahr. Denn es geht ja nicht ausschließlich um das Schreiben, sondern auch um die Recherche, Überarbeitung und Schlussredaktion.

Besonders wenn es viele Beteiligte gibt, ist es wichtig, alle Termine frühzeitig zu planen – und vielleicht einen kleinen Puffer einzubauen. Dann lassen sich Ausfälle und Verschiebungen, zum Beispiel aufgrund von Urlaub oder Krankheit, problemlos auffangen.

## Gute Geister finden

Optimal ist ein Co- oder Ghostwriter, der bereits vergleichbare Bücher unter eigenem oder fremdem Namen veröffentlicht hat. Sehen Sie sich gelungene Publikationen an. Bei vielen Corporate Books ist es kein Geheimnis, wenn ein Auftragsschreiber an einem Buch beteiligt war: Dessen Name wird dann im Impressum unter ›Redaktion‹ oder ›Bearbeitung‹ genannt.

Journalisten kommen als Ghostwriter infrage, wenn sie einerseits über entsprechendes Hintergrundwissen verfügen und andererseits in der Lage sind, lange Texte zu schreiben. Doch selbst wenn sie gute Artikel in Zeitschriften oder Magazinen schreiben, haben manche Journalisten nach 40 oder 50 Seiten Text alles gesagt, was zu sagen wäre. Sie schauen auf das Wesentliche und bringen als Meister der kurzen Form jedes Thema oft (zu) schnell auf den Punkt. Auf jeden Fall müssen potenzielle Kandidaten über eine nachweisbare Expertise verfügen. Lassen Sie sich Arbeitsproben zeigen und Referenzen geben. Empfehlungen, zum Beispiel vom Buchcoach, vom potenziellen Verlag oder von anderen Autoren, die bereits ähnliche Bücher haben schreiben lassen, helfen Ihnen bei der Suche nach einem geeigneten Ghostwriter oder Co-Writer.

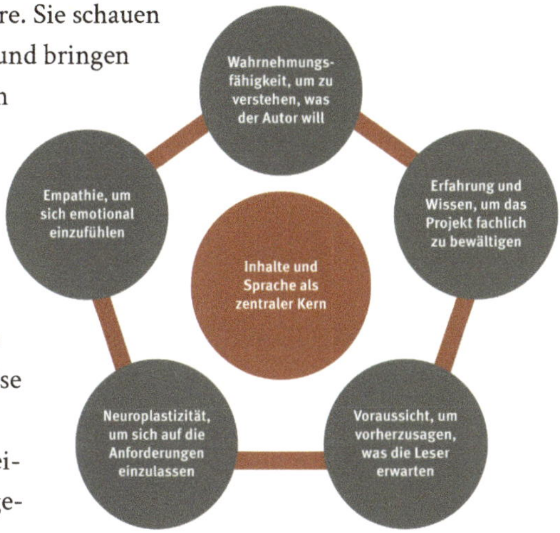


**Was macht einen guten Ghostwriter aus?**

Arbeitsproben und Referenzen allein reichen aber nicht aus. Sie müssen Ihren potenziellen Mitstreiter persönlich kennenlernen. Denn oberstes Gebot für eine konstruktive Zusammenarbeit zwischen Autor und Schreibhelfer ist, dass die Chemie zwischen beiden stimmt. Falls Sie beim ersten Kandidaten Zweifel daran haben, scheuen Sie sich nicht davor, weitere zu kontaktieren.

Ohne gegenseitiges Vertrauen geht nichts. Der Autor muss bereit sein, sich dem Ghostwriter gegenüber zu öffnen und alle relevanten, teils auch sehr persönlichen Informationen zu liefern. Dazu gehört auch Hintergrundwissen, das nicht publiziert werden soll, aber zum Verständnis wichtig ist. Unverzichtbar ist zudem eine konstruktive Zusammenarbeit während des oft langwierigen Buchentstehungsprozesses.

Ein guter Ghostwriter muss nicht nur über Schreibtalent, Erfahrung mit langen Texten und fachliches Know-how verfügen, sondern ebenso kommunikationsstark, aber auch sensibel und verschwiegen sein. Er muss zudem in der Lage sein, den Ton des Autors zu treffen und seine Gedanken authentisch zu Papier zu bringen. Fehlendes Detailwissen lässt sich ausgleichen, mangelndes Verständnis jedoch nicht.

Die meisten Führungskräfte sind, auch wenn sie einen hohen Bekanntheitsgrad haben, als Autoren No-Names. Deshalb schätzen es Verlage, wenn ein Autor sich von vornherein für die Zusammenarbeit mit einem Ghostwriter, der dem Verlag vielleicht sogar bekannt ist, entscheidet. Die Chancen, einen Verlagsvertrag zu bekommen, steigen dann erheblich.

Was Sie diese Dienste kosten, hängt vom Einzelfall, vom konkreten Auftragsumfang, vom Zeitrahmen und von den Erfahrungen Ihres Schreibhelfers ab – ein Co-Writing ist natürlich etwas günstiger als ein komplettes Ghostwriting. In der Regel wird ein Pauschalhonorar gezahlt, meist in mehreren Tranchen, abhängig vom Projektfortschritt. Daneben ist eine Aufteilung des Autorenhonorars und somit eine Beteiligung an den Verkäufen möglich, aber auch eine Kombination dieser beiden Modelle. Denkbar ist zudem ein Bonus, wenn eine Mindestplatzierung in einer Bestsellerliste oder bestimmte Verkaufsziele erreicht worden sind. Neben dem Honorar werden üblicherweise die zusätzlichen Kosten für Reisen, Recherchen und weitere Sonderleistungen gesondert abgerechnet.

Wenn das Buch fertig ist, ernten Sie als Autor die Lorbeeren, nicht der Ghostwriter. Selbst wenn der gesamte Text aus fremder Feder stammt, stehen Sie in der Öffentlichkeit vor Lesern und Medien allein für Ihr Werk ein. Und das sollten Sie mit gutem Gewissen tun, genau so, als hätten Sie es selbst geschrieben!

## Menschliche mit künstlicher Intelligenz zusammenbringen

Künstliche Intelligenz (KI) wird, jenseits aller Hypes, auf viele Lebensbereiche, Tätigkeitsfelder und Arbeitsweisen maßgeblich Einfluss nehmen. Das betrifft auch die Art und Weise, wie Corporate Books entstehen. Eine besondere Rolle spielen KI-Programme, die in der Lage sind, Texte und Bilder zu transformieren oder zu generieren – und das in beeindruckender Qualität und Geschwindigkeit.

Grundlage hierfür ist maschinelles Lernen in künstlichen neuronalen Netzen.[26] Selbstlernende Algorithmen analysieren hierbei enorm große Datenmengen, erkennen Muster und Zusammenhänge, treffen anhand von Wahrscheinlichkeitsparametern Vorhersagen und schaffen wie von Zauberhand Neues. Doch dafür müssen menschliche und künstliche Intelligenz in sämtlichen Arbeitsschritten ineinandergreifen.

**Ideenfindung:** Schwer zu schlagen sind KI-Programme bei der Ideenfindung – seien es inhaltliche Ansätze oder werbliche Headlines. Diese können scheinbar völlig disparate Ideen und Themen zu einem neuen und homogenen Ganzen so zusammenfügen, wie das kein einzelner Mensch zu tun vermag – aufgrund der Masse an Daten aus aller Welt, allen Sprachen und allen Wissensgebieten, mit denen diese Systeme gefüttert wurden.[27]

**Recherche:** Wenn sich KI-Textgeneratoren mit dem Internet und Suchmaschinen verbinden, können sie komplexe Informationen schnell und effizient aus einer Vielzahl von Quellen extrahieren und analysieren, maßgeschneiderte Ergebnisse liefern und dadurch viele Stunden Arbeitszeit sparen.

**Texterstellung:** Der Autor gibt die Themen und die grobe Struktur vor, die KI hilft bei der Feingliederung und Ausformulierung. Das reicht vom Erstellen einzelner Sätze und Textbausteine bis zu ganzen Absätzen oder gar Unterkapiteln. Ziemlich gut gelingt der KI das Schreiben von Werbetexten oder anderen klar strukturierten Textformen.

**Übersetzungen:** Mithilfe von KI-Übersetzern lassen sich die unterschiedlichsten Textgattungen schnell und, je nach Thema, recht präzise in andere Sprachen übertragen.

**Textüberarbeitung und -korrektur:** Beim Umformulieren und Umschreiben von Texten helfen KI-Tools, stilistische Schwächen und Redundanzen aufzudecken, synonyme Begriffe und alternative Formulierungen vorzuschlagen oder Rechtschreib-, Zeichensetzungs- und Grammatikfehler zu korrigieren.

**Bilderstellung:** KI-Bildgeneratoren können neue und individuelle Collagen, Infografiken oder Fotos erstellen, zum Teil auch auf Grundlage vorgegebener Bilder.

Künstliche Intelligenz kann heute schon die Buchentstehung begleiten – ein großer Schritt in Richtung effizienterer, kreativerer und fehlerärmerer Erstellung von Corporate Books. Entscheidend ist aber das Zusammenspiel von Mensch und Maschine. So braucht es stets ein sehr detailliertes Briefing, um der KI zielführende Ergebnisse zu entlocken und nicht mit der Sichtung und Überarbeitung origineller, aber sinnfreier Ergebnisse Zeit zu vergeuden. Letztlich liegt die Hoheit immer beim menschlichen Urheber. Er muss hinterfragen und bewerten, ob die Ergebnisse der KI-Programme den Anforderungen, der ursprünglichen Intention, der anvisierten Zielgruppe und dem gewünschten Stil des Corporate Books entsprechen. Nichts ist gefährlicher für ein gelungenes Buch: den wohlgeformten Output der KI zu nehmen, die perfekte Form mit Bedeutung, also dem Bezug zur realen Welt, zu verwechseln und dabei die eigenen kommunikativen Absichten aufzugeben.[28]

Bleibt die Frage: Werden Autoren, Ghostwriter, Texter, Übersetzer, Redakteure, Korrektoren, Illustratoren und Fotografen damit überflüssig? Wir sind überzeugt: nein! Die besonders Talentierten werden all die neuen KI-Tools gewinnbringend in ihre Arbeit integrieren, sich von schnöden Routineaufgaben befreien und dadurch noch bessere Ergebnisse liefern. Lassen wir hier die KI selbst zu Wort kommen: »Es ist jedoch wichtig zu beachten, dass KI-Systeme nicht in der Lage sind, menschliche Empathie, Kreativität und Urteilsvermögen zu ersetzen.«[29]

## Wie Schreibprofis arbeiten

**Briefings:** Profis nehmen das vereinbarte Briefing beziehungsweise Projektexposé als verbindliche Arbeitsgrundlage und halten bei Unklarheiten oder Änderungen Rücksprache mit dem Auftraggeber. Sie können ihre Arbeit und ihr Vorgehen transparent erklären und begründen.

**Tonalität:** Profis verleihen dem Autor eine Stimme, aber drängen sie ihm nicht auf. Sie verstehen, dass der Auftraggeber ins Licht der Öffentlichkeit tritt und dort bestehen muss – und nicht sie selbst.

**Eigeninitiative:** Profis geben sich prinzipiell nicht mit dem Vorhandenen zufrieden, sondern unternehmen im abgesprochenen Umfang eigenständig Recherchen, weisen auf Fehleinschätzungen und Widersprüche hin oder fordern zusätzliche Informationen ein.

**Zeitmanagement:** Profis nehmen sich genug Zeit für die Manuskripterstellung, haben in der Regel feste Schreibzeiten und halten sich daran. Sie planen einen ausreichenden Puffer für die Textüberarbeitung und Unvorhergesehenes ein.

**Textprobe:** Profis liefern nach der Recherchephase möglichst frühzeitig eine repräsentative Leseprobe und stimmen daran die Tonalität des Texts und die Tiefe der Ausarbeitung mit dem Auftraggeber ab. So vermeiden sie am Ende Enttäuschungen, Unzufriedenheit oder Mehrarbeit.

**Priorisierung:** Profis halten sich in der Anfangsphase nicht lange mit Details und Formulierungen auf, sondern schaffen zunächst Masse. Der Feinschliff kommt zum Schluss, wenn alle Inhalte geschrieben und zugeordnet sind.

**Zielorientierung:** Profis behalten Kommunikationsziel und Zielgruppe immer im Blick. Sie vergessen dabei nie, dass sie auch für Leser schreiben, die mit der Materie nicht so vertraut sind wie der Autor.

**Wie Schreibprofis arbeiten** (Fortsetzung)

**Strukturierung:** Profis bauen Texte sinnvoll auf – vom Hauptkapitel bis zum letzten Nebensatz. Kapitel fassen zusammengehörige Aspekte zusammen. Darin trägt jeder Absatz genau einen Gedanken und dient der optischen sowie inhaltlichen Gliederung des Texts. Die einzelnen Sätze bringen diesen Gedanken geordnet auf den Punkt. So werden Redundanzen und Gedankensprünge vermieden.

**Verständlichkeit:** Profis sind in der Lage, selbst schwierige Dinge verständlich zu formulieren. Sie bevorzugen kurze, klare Sätze und verzichten auf schwer verständlichen Fachjargon. Sie schreiben anschaulich, verzichten auf nichtssagende Adjektive ebenso wie auf Phrasen, Übertreibungen und Klischees. Stattdessen verwenden sie lebendige Wörter und Bilder, verblüffende Formulierungen und glaubwürdige Beispiele, auch aus der Erfahrungswelt der Zielgruppe.

**Schreibstil:** Profis schreiben aktiv und eindeutig. Sie verstecken sich nicht hinter ›man‹ und anderen abstrakten Ausdrücken, sondern schreiben klar, wer was tut, sagt oder meint. Sie vermeiden Modalverben wie ›könnte‹, ›dürfte‹, ›müsste‹, ›würde‹ oder ›sollte‹, da diese die Aussage verwässern.

**Qualitätssicherung:** Profis nutzen aktuelle Tools, um das Ergebnis noch besser zu machen. Sie lesen ihre Texte zu guter Letzt gründlich und kritisch Korrektur und lassen sie auch von anderen gegenlesen.

## 3.2 Informationsbeschaffung: Woher kommt der Input?

Grundsätzlich haben Sie als Auftraggeber das Sagen. Sie entscheiden, wer für Briefings und Interviews hinzugezogen werden soll, welches Material und welche Informationen Sie zur Verfügung stellen wollen. Ihre Kommunikationsziele, Ihre Geschichte und Ihr Wissen stehen eindeutig im Mittelpunkt. Und falls Ihr Ghostwriter weitere Recherchen anstellt oder durch Dritte gebrieft wird, so dient das nur dazu, zusätzliche Informationen zu gewinnen, fremde Erinnerungen anzuzapfen und Autor und Unternehmen in ihrer Selbstwahrnehmung zu stärken.

## Interviews eröffnen neue Blickwinkel

Hauptziel von Hintergrundbriefings und -interviews ist es, zusätzliche Details zu sammeln. Sie sollen das Verständnis beim Ghostwriter fördern, was wichtig war und ist und wie das Unternehmen und dessen Akteure von anderen gesehen werden. Als Gesprächspartner für ein Corporate Book bieten sich die Unternehmer- beziehungsweise Gründerfamilien an. Dazu zählen neben allen, die selbst in der Firma aktiv sind oder waren, Ehepartner, Kinder, Enkel, Eltern, Großeltern oder Schwiegereltern. Für bestimmte Aspekte ist es zweckmäßig, Fachleute und Mitarbeiter zu Wort kommen zu lassen. Bei der Bearbeitung von Themen aus der Vergangenheit stehen Pensionäre gern zur Verfügung. Außerdem können Sie Ihre Geschäftspartner und Freunde bitten, Ihren Ghostwriter zu briefen. Genauso kommen Kollegen aus Aufsichtsräten, anderen Gremien oder Funktionsträger aus der Politik infrage.

Problematisch ist, wenn der Autor mit den Interviewpartnern des Ghostwriters Vorbesprechungen durchführt, um festzulegen, was erzählenswert ist und was nicht. Das führt dazu, dass alle immer wieder dieselben abgesprochenen Geschichten erzählen und niemand wagt, Neues oder Eigenes hinzuzufügen. Für den Ghostwriter ist das verschwendete Zeit – und für die Leser des Werks entsteht kein Mehrwert.

Aus dem gleichen Grund ist es nicht hilfreich, wenn zum Beispiel mehrere Mitarbeiter dem Ghostwriter als Gesprächspartner gegenübersitzen. Sie werden jede kritische Äußerung vermeiden, weil sie sich von ihren Kollegen kontrolliert fühlen. Die Briefings sollten unbedingt als Einzelgespräche organisiert werden, auch wenn das einen größeren Zeitaufwand erfordert. Dass die Gespräche des Ghostwriters mit Dritten nicht in Gegenwart des Autors stattfinden dürfen, sollte dabei eine Selbstverständlichkeit sein.

Der Ghostwriter wird bei diesen Interviews nicht nur einen präzisen und auf den jeweiligen Gesprächspartner abgestimmten Fragenkatalog einsetzen, der immer wieder ergänzt und neu gewichtet wird, sondern neben seinen handschriftlichen oder digitalen Notizen ein Aufnahmegerät mitlaufen lassen, um die Dialoge und wörtliche Rede festzuhalten. Als Auftraggeber sollten Sie keinesfalls darum bitten, Ihnen Mitschnitte dieser Gespräche zur Verfügung zu stellen. Das würde viele Interviewpartner nur daran hindern, sich zu öffnen und Dinge zu erzählen, die der Ghostwriter wissen sollte, selbst wenn er nicht darüber schreiben darf.

Gespräche mit Dritten können aber nicht nur Briefing-Charakter haben, sondern auch als Interviews im Originalton in das Manuskript eingefügt werden. Natürlich müssen sie in Schriftform übertragen und vom jeweiligen Gesprächspartner freigegeben werden – wofür ausreichend Zeit einzuplanen ist. Achten Sie darauf, dass diese Gesprächspartner nicht nur fair zitiert, sondern auch mit Namen und Position benannt werden, wenn dies gewünscht wird. Ein nicht zu unterschätzender und erfreulich positiver Nebeneffekt: Wer auf diese Art in die Entstehung eines Corporate Books einbezogen wird, entwickelt eine noch stärkere Bindung zu Ihnen und Ihrem Unternehmen.

## Erzählen ist nicht schreiben

Die wenigsten Menschen sprechen druckreif. Eine Ausnahme sind kurze Statements zu vorab bekannten Themen, oft von Politikern oder Unternehmenslenkern eingeübt und vielfach wiederholt. Werden Informationsgeber allerdings aufgefordert, frei zu erzählen, oder stehen sie in Interviews Rede und Antwort, müssen die Ergebnisse anschließend niedergeschrieben werden.

Wer erzählt, kann leicht den roten Faden verlieren oder sich wiederholen. Gespräche sollten deshalb in der Praxis nicht länger als eine oder eineinhalb Stunden ohne Pause dauern. Die Konzentration des Erzählenden leidet, er wiederholt sich und spricht in Schleifen – oder er springt in einem ›Stream of Consciousness‹ scheinbar zusammenhanglos von einem Punkt zum anderen.

Zu erzählen ist verhältnismäßig einfach, denn das Gedächtnis reicht die Erinnerungen in kurzen Häppchen ins Bewusstsein, wo sie kurzzeitig verbleiben, um anschließend wieder vergessen zu werden. Einen Text aufzuschreiben, ist deutlich komplexer, weil ein Buch darauf abzielt, von einem mehr oder weniger anonymen Publikum gelesen zu werden. Das gesprochene Wort lässt sich durch Mimik, Körperhaltung und Gesten in seiner Bedeutung formen, geschriebene Texte müssen für sich allein stehen. Deshalb funktioniert es selten, allein aus Reden, Vorträgen oder Sprachmemos ein kohärentes Buch zu machen.

Das gilt ebenso für andere beliebte Tools: Powerpoint, Prezi und Keynote. Aus den Folien einer Präsentation wird niemand einen flüssigen Lesetext machen können, denn sie sind nicht selbsterklärend und dienen allein dazu, einen Vortrag visuell zu unterstützen. Gute Charts enthalten nur wenige Kernaussagen, die mündlich interpretiert und ergänzt werden müssen. Schaubilder, die wie ein Lesetext gestaltet und mit Informationen überfrachtet sind, garantieren hingegen keine gute Präsentation. Wer also aus einer Präsentation einen Lesetext machen möchte, muss sie deshalb als Ganzes dem Ghostwriter oder Co-Writer referieren. Nur die Folien über den Tisch zu schieben mit der Bemerkung, dass darin alles Wichtige stehe, reicht nicht aus. Vielleicht mag es Ihnen seltsam vorkommen, einer einzelnen Person einen Vortrag zu halten, aber es ist der beste Weg, um Wissen und Hintergrund für Lesetexte zu vermitteln.

## Mit Bildern erzählen

»Ein Bild sagt mehr als tausend Worte«, das war der Slogan einer Anzeige, die 1921 für die Verwendung von Bildern warb und sich auf eine Aussage des amerikanischen Zeitungsverlegers Arthur Brisbane zehn Jahre zuvor bezog.[30] Fotos können zwar auf vielfältige Weise Informationen und Emotionen transportieren, doch in der Regel benötigen sie einen sprachlichen Kontext, damit der Betrachter sie richtig einordnen und interpretieren kann.

Gerade in Corporate Books, die im weitesten Sinne imagebildend sein sollen, wird man mehr Fotos und andere Abbildungen wie Grafiken und Illustrationen finden als in der übrigen Business-Literatur. Viele Bilder stammen dabei entweder aus dem Privatbesitz des Autors oder aus dem Firmenarchiv. Oft werden sie speziell für das Buch in Auftrag gegeben.

Dienen die Bilder nur der Illustration oder sollen sie etwas symbolisieren, können Sie bereits vorhandene Abbildungen, sogenanntes Stock-Material, bei Bildarchiven oder Fotoagenturen kaufen – die Nutzung ist dann in der Regel nicht exklusiv. Im Internet sind sowohl Universalagenturen zu finden, die Bilder aus den unterschiedlichsten Themenbereichen anbieten, als auch Spezialagenturen, die sich auf ein bestimmtes Thema konzentriert haben. Daneben gibt es Pressebildagenturen, die, wie der Name schon sagt, Pressefotos verkaufen, sowie historische Bildarchive, die firmenspezifisch oder thematisch angelegt sind.

Von der Verwendung kostenloser, lizenzfreier Abbildungen, die auf diversen Online-Portalen zum Download angeboten werden, raten wir für ein Corporate Book eher ab: Zum einen können Sie diese für Ihre Publikation nicht exklusiv nutzen, was für eine gewisse Austauschbarkeit sorgt, und zweitens sind die Rechte nicht immer zuverlässig geklärt (siehe Kapitel 4.2).

Neue und nahezu unbegrenzte Möglichkeiten der Erstellung von Abbildungen und Grafiken ergeben sich durch algorithmenbasierte Text-zu-Bild-Generatoren. Diese KI-Systeme schaffen Werke in erstaunlicher Qualität, auch wenn die fotorealistische Darstellung von Menschen und Tieren manchmal noch Schwächen zeigt.

## Richtig recherchieren

In den wenigsten Fällen wird das, was Sie und Dritte zu erzählen haben, ausreichen, um ein Buch für den Leser mit Substanz zu füllen. Es braucht zusätzliches Hintergrundmaterial, doch Recherchen sind immer zeitaufwändig und manchmal frustrierend. Sie werden deshalb wahrscheinlich nicht selbst recherchieren, sondern diese Arbeit einer externen Hilfskraft, einem Mitarbeiter oder dem Ghostwriter übertragen. Dieser ist oft nicht nur Spezialist im Schreiben, sondern ebenso in der Beschaffung von Informationen. Dass diese Tätigkeit gesondert honoriert werden muss, da sie nicht Bestandteil des Schreibhonorars ist, versteht sich von selbst.

Letztlich ist nicht die Menge an Informationen entscheidend für das Gelingen des Corporate Books, sondern deren Qualität und wie sie sich erschließen lassen. Viele Unternehmen verfügen über ein eigenes Archiv, wo sich Mitarbeiter, manchmal neben ihrer Haupttätigkeit, darum kümmern, Bewahrenswertes zu registrieren, zu sichten und zu katalogisieren – oft sehr engagiert und kundig.

Unabhängig davon, ob diese Archive groß oder klein sind, zeichnen sie sich dadurch aus, dass sie über eine Systematik verfügen. Die Aktenordnung macht das Auffinden bestimmter Schriftstücke einfacher, und ein Fotoarchiv mit Bilddatenbank ist für die Illustration eines Buchs von großer Hilfe. Ist dem Archiv auch noch eine Firmenbibliothek angeschlossen, gibt es dort sicherlich

## Nützliche Recherchequellen

**Nationale, regionale, kommunale, kirchliche, sonstige Archive:** Online-Portale bieten einen Überblick über die unterschiedlichen Archivbestände in Deutschland (www.archivportal-d.de), Österreich (www.oesta.gv.at/services/archivregister.html) und der Schweiz (www.archives-online.org).

**Wirtschaftsarchive:** Das Wirtschaftsarchivportal ist ein umfangreiches Online-Verzeichnis der Wirtschaftsarchive im deutschsprachigen Raum (www.wirtschaftsarchivportal.org). Eine Liste regionaler Wirtschaftsarchive in Deutschland ist unter www.regionale-wirtschaftsarchive.de zu finden. Für die Schweiz und Liechtenstein hilft das Portal arCHeco (www.archeco.info) weiter.

**Leibniz-Informationszentrum Wirtschaft:** Das ZBW verfügt über die weltweit größte Spezialbibliothek für wirtschaftswissenschaftliche Literatur (www.econbiz.de).

**Genios:** Die Datenbank Genios (www.genios.de) ist ein kommerzieller Anbieter von Presse-, Unternehmens- und Wirtschaftsinformationen. Es gibt dort nicht nur aktuelle Fakten, Analysen und Statistiken zu Ländern und Branchen, sondern auch ein großes Zeitschriftenarchiv.

**Zahlen, Daten, Fakten:** Umfangreiche Informationen und Infografiken stellen die statistischen Ämter in Deutschland (www.destatis.de), Österreich (www.statistik.at) und der Schweiz (www.statistik.ch) sowie das Online-Portal www.statista.de zur Verfügung.

**Museen, Verbände, Pressestellen, Bibliotheken, Medien- und Zeitungsarchive:** Sie sind reichhaltige Fundgruben für Fragen zu Spezialthemen, Branchenentwicklungen, Regionalgeschichte und vieles andere mehr.

**Online-Suchmaschinen und Chatbots:** Sie ermöglichen den weltweiten Zugriff auf das gesamte digital verfügbare Wissen der Menschheit und liefern immer verlässlichere Antworten auf nahezu jede Frage.

ein Inventarverzeichnis. In einem geordneten Archiv wird es kaum an wichtigen Grundsatzinformationen mangeln, und ein Zuviel an Informationen lässt sich gut handhaben.

Problematisch wird es, wenn die Informationen ungeordnet sind – und das Archiv eher einer Abstellkammer gleicht, wo eingelagert wird, was nirgendwo anders Platz findet. Vielleicht bewahrt jede Abteilung oder Niederlassung ihre Dokumente, Akten und

Fotos für eigene Zwecke und auf andere Weise auf. Im ungünstigsten Fall weiß man nicht, wer zu welchem Thema über Material verfügt. Zur Herausforderung wird unsortiertes Archivmaterial vor allem dann, wenn es sich bei dem geplanten Buch um eine historische Aufarbeitung handelt.

Urkunden und Briefe aus der Gründerzeit werden von den Nachfolgegenerationen meist sorgfältig aufbewahrt und in Ehren gehalten. Schwieriger wird es, wenn es um die Kriegs- und Nachkriegszeit bis in die 1960er Jahre geht. Dann verstauben die damals als überflüssig empfundenen Materialien auf Dachböden oder sind ungeordnet in Schränke gepackt, in die seit Jahrzehnten niemand mehr hineingeschaut hat. Gut dran ist, wer sein Archiv über die Zeiten konsequent geführt und katalogisiert oder gar bereits digitalisiert und online zugänglich gemacht hat.

Wenn Sie in Ihrem Unternehmensbuch Informationen verarbeiten möchten, die über das firmeneigene Material hinausgehen oder Lücken schließen sollen, bietet sich die Zusammenarbeit mit Archivdiensten und nationalen oder internationalen Zeitungsarchiven an. Natürlich wird ein versierter Rechercheur auch im Internet verlässliche Informationen finden, die Sie gebrauchen können. Einige kostenfreie und kostenpflichtige Ansatzpunkte für Ihre Recherchen finden Sie in der Übersicht.

## Faktenrecherche ist unerlässlich

Erinnerungen und Informationen vom Hörensagen reichen nicht, damit Sachaussagen hieb- und stichfest und unangreifbar sind. Es kommt darauf an, alle Fakten, Behauptungen und Zitate gründlich zu recherchieren und mit Originalquellen zu belegen. Es zeigt sich leider immer wieder, dass manche Aussagen und sogar Quellenangaben in Fachbüchern – im Internet sowieso – ungenau oder fehlerhaft sind: Namen werden falsch geschrieben, Zitate unvollständig wiedergegeben oder nur anhand obskurer Tertiärquellen, Daten sind nicht korrekt oder nicht mehr aktuell und vieles andere mehr.

Unverzichtbar ist es deshalb, selbst belanglose Angaben hinsichtlich ihrer Richtigkeit zu prüfen, zumindest mit einer schnellen Online-Recherche in öffentlich zugänglichen Quellen oder mit aller Gründlichkeit in Bibliotheken und Archiven. Denn ein fehlerhaftes oder ungenaues Buch ist kein gutes Buch und damit eine schlechte Visitenkarte für Sie, Ihr Unternehmen und Ihr Anliegen, mag es noch so flott geschrieben und attraktiv aufbereitet sein.

Überlegen Sie auch, wie Sie den Input am besten organisieren. Folgende Aspekte können Ihnen hierfür als Orientierung dienen:

**Materialsichtung:** Was ist an Material und Hintergrundinformationen bereits vorhanden? Wie ist es aufbereitet? Welche Abbildungen braucht es? Woher kommen sie? Was fehlt?

**Arbeitsaufteilung:** Wer sichtet und ordnet Informationen und vorhandenes Material? Wer übernimmt zusätzliche Rechercheaufgaben? Wer organisiert und wer führt Interviews? Wer wertet diese aus und kümmert sich gegebenenfalls um erforderliche Freigaben?

**Recherchematerial:** Gibt es ein eigenes Familien- oder Unternehmensarchiv? Welche anderen Archive und Medien müssen gesichtet werden?

**Interviewpartner:** Wer kann relevanten Input liefern? Welche Familienmitglieder, aktuelle und frühere Führungskräfte, Mitarbeiter, Geschäftspartner, Schlüsselkunden stehen zur Verfügung? Welche anderen Akteure aus Kultur, Gesellschaft, Wirtschaft und Politik?

**Faktencheck:** Sind sämtliche Inhalte, Quellen, Zitate, Fakten, Daten, Zahlen zuverlässig überprüft, aktuell und korrekt?

## 3.3 Übersetzungen: Wie viel Sprachgefühl brauchen Fakten?

Es ist eigentlich ganz einfach: Leser wollen in Ihrer Muttersprache abgeholt werden, das ist nicht zuletzt auch eine Frage des Respekts gegenüber anderen Kulturen. Naheliegend für Autoren und Unternehmen aus dem deutschsprachigen Raum ist also eine Publikation auf Deutsch. Aber spätestens, wenn das Unternehmen auch in anderen Ländern vertreten ist oder fremdsprachige Kunden, Mitarbeiter und Geschäftspartner für die Lektüre gewinnen will, stellt sich die Frage, ob ein Corporate Book nur auf Deutsch oder in einer beziehungsweise sogar in mehreren anderen Sprachen veröffentlicht werden soll. Dann steht das Thema Übersetzung im Raum – meist ins Englische.

### Sprache verbindet

Zunächst möchten wir vor einer teuren Fehleinschätzung warnen. Häufig wird der Wunsch nach einer englischsprachigen Ausgabe von der Hoffnung geleitet, damit automatisch ein großes, wenngleich noch unbekanntes, Weltpublikum zu erreichen und dadurch mehr Exemplare eines Buchs abzusetzen und an Reputation zu gewinnen. Diese Hoffnung erweist sich jedoch selbst für etablierte Verlage als trügerisch, sofern die internationale Ausgabe nicht durch intensives Marketing und eine aktive Medienarbeit begleitet wird, inklusive Präsenz des Autors vor Ort. Denn selbst wenn Sie hierzulande bekannt und berühmt sind – anderswo in der Welt sind Sie meist nur eine unbekannte und als Ausländer eine eher uninteressante Nummer. Energie, Zeit und Geld hätten Sie dann besser in die optimale Vermarktung der deutschen Originalausgabe gesteckt und damit mehr erreicht. Ob Sie also überhaupt eine fremd- oder mehrsprachige Ausgabe Ihres Corporate Books brauchen, hängt von Ihrer Zielgruppe und vom tatsächlichen Bedarf ab – und diesen sollten Sie realistisch einschätzen.

Welche Sprache aber soll es sein? Englisch als Lingua franca, die von vielen Menschen gesprochen oder zumindest verstanden wird, bietet sich in vielen Fällen an. Wenn aber Ihr wichtigster Produktionsstandort in Italien liegt, publizieren Sie natürlich auf Italienisch, wenn Ihre wichtigsten Kunden in Lateinamerika leben, auf Portugiesisch oder Spanisch, wenn die meisten Ihrer Mitarbeiter aus Griechenland kommen, auf Griechisch, und wenn Sie Japan als neuen Markt erobern wollen, auf Japanisch.

Vielleicht wollen Sie Ihr Werk zeitgleich ins Englische, Französische und Spanische übersetzen. In diesem Fall ist es durchaus möglich, den Text von vornherein mehrsprachig zu drucken, um besonders bei hochwertigen Produktionen mit vielen Farbabbildungen Kosten zu sparen. Dabei ist jedoch Vorsicht geboten: Da die verschiedenen Sprachen bei gleichem Inhalt unterschiedliche Textlängen aufweisen, muss dies beim Layout berücksichtigt werden. Besser ist es in der Regel ohnehin, jedem Sprachpublikum eine eigene Ausgabe zu widmen – und vielleicht auch an die unterschiedlichen länderspezifischen Verhältnisse anzupassen.

## Grenzen überwinden

Sofern Sie Ihr Corporate Book in einem etablierten Verlag publizieren, müssen Sie sich um das Thema Übersetzungen nicht selbst kümmern. Denn üblicherweise haben Sie ihm die weltweiten Nutzungsrechte übertragen – und es ist jetzt seine Aufgabe, ausländische Verlage für Ihr Buch zu begeistern und die Übersetzungsrechte zu verkaufen. Dafür gibt es in den Verlagen spezielle Lizenzabteilungen, welche die internationalen Märkte gut kennen, enge Kontakte zu ausländischen Verlagen pflegen und dort Ihr Buch anbieten können – Beziehungen, über die Sie nicht verfügen und die Sie nicht mal so nebenbei aufbauen.

Die Kosten für die Übersetzung trägt meist der Verlag, der die Übersetzungsrechte für Ihr Buch kauft. Im Selfpublishing sieht das natürlich anders aus oder wenn Ihr Verlag keinen Interessenten für die Übersetzung Ihres Corporate Book findet: Dann liegt es an Ihnen, die Übersetzung zu organisieren und zu bezahlen. In einem solchen Fall ergibt sich, wenig überraschend, im Zielland meist doch noch eine Chance, das Werk über klassische Verlagskanäle zu veröffentlichen – der Kostendruck und damit das Risiko sind ja nun viel geringer.

## Versierte Übersetzer finden

Sobald Sie wissen, was die Übersetzung leisten soll und das Manuskript in einer endgültigen, veröffentlichungsreifen Fassung steht, können Sie sich auf die Suche nach einem geeigneten Übersetzer machen, der die geforderten Fähigkeiten mitbringt: Allgemeinwissen, landeskundliches Wissen oder Fachwissen. Zudem braucht es viel Fingerspitzengefühl, um die Tonalität des Werks und seines Autors zu treffen. Selten finden Sie einen Übersetzer, bei dem diese unterschiedlichen Fertigkeiten gleichermaßen stark ausgeprägt sind. Das ist auch der Grund dafür, warum es nie zu einem akzeptablen Ergebnis führt, wenn deutschsprachige Autoren auf Englisch schreiben oder ihr Werk selbst übersetzen.

Können Sie nicht auf einen bestimmten Übersetzer zurückgreifen, helfen Empfehlungen weiter. Auch ein Blick ins Impressum

## Was müssen Sie bei Übersetzungen beachten?

**Zielmarkt:** Brauchen Sie wirklich eine fremdsprachige Ausgabe? Sind Sie im Zielland präsent, haben Sie dort schon eine sichere Leserschaft, und wissen Sie, wie das Werk dort verbreitet wird? Sind Sie bereit, in Präsenz, Marketing und Medienarbeit vor Ort zu investieren?

**Sprachen:** In welchen Sprachen soll Ihr Corporate Book erscheinen? In unterschiedlichen Ausgaben oder in einer mehrsprachigen Ausgabe?

**Anpassungen:** Welche inhaltlichen, regulatorischen oder kulturellen Anpassungen braucht es? Welche zusätzlichen Inhalte?

**Übersetzung:** Welches fachliche oder landeskundliche Wissen verlangt der Text vom Übersetzer? Ist der Stil wichtiger als der Inhalt oder umgekehrt?

**Auftraggeber:** Wer beauftragt, bezahlt und überwacht die Übersetzung? Sind Sie, Ihr hiesiger oder ein ausländischer Verlag dafür verantwortlich?

**Nutzungsrechte:** Verfügen Sie über die Nutzungsrechte für sämtliche Inhalte und Abbildungen auch für die Verbreitung in anderen Sprachen und Ländern?

vergleichbarer Werke gibt Hinweise auf passende Sprachspezialisten. Übersetzerverzeichnisse sind vor allem dann von Nutzen, wenn besondere Sprach- oder Fachkenntnisse verlangt werden. Manchmal reicht es nicht, hierzulande einen Muttersprachler zu finden, wenn er die Verbindung zu seiner Heimat verloren hat. Besser ist es dann, einen Übersetzer zu wählen, der dort lebt, wo die Sprache tatsächlich gesprochen wird. Große Übersetzungsbüros sind besonders dann eine gute Wahl, wenn ein Corporate Book entweder in sehr kurzer Zeit oder zugleich in mehrere Sprachen übersetzt werden soll.

Bevor Sie erstmals mit einem oder mehreren Übersetzern zusammenarbeiten, müssen Sie sich einen Eindruck von deren Fähigkeiten verschaffen. Dabei hilft die Referenzliste weniger als der vertiefte Blick in einige Textproben. Bei Sprachen, die Sie selbst beherrschen, fällt es Ihnen nicht schwer, die Qualität einer Übersetzungsprobe zu beurteilen. Bei anderen Sprachen sind Sie auf Gutachter oder Kollegen angewiesen, die diese Sprache sprechen.

Wenn Sie beim Lesen der Übersetzung über missglückte oder gar sinnlose Sätze, schiefe Bilder, falsche Fachbegriffe oder grammatikalische Ungereimtheiten stolpern, deutet das darauf hin, dass die Übersetzer entweder die Materie oder die Sprache nicht beherrschen, und Sie müssen mit einer umfangreichen und kostenträchtigen Überarbeitung des Texts rechnen. Das gilt oft auch bei maschinellen oder automatisierten Übersetzungen, deren Qualität mithilfe künstlicher Intelligenz zwar immer besser wird, die aber nicht jede sprachliche Nuance, jedes Wortspiel elegant oder jeden Fachbegriff korrekt wiedergeben.

Auch Übersetzer werden sich das Originalwerk genau ansehen, um den Arbeitsaufwand abzuschätzen. Wenn sie den Auftrag ablehnen, sollten Sie das respektieren: Andernfalls müssen Sie sich auf Termin- oder Qualitätsprobleme gefasst machen. Ein höheres Honorar kann diese Schwierigkeiten nicht immer lösen.

## 3.4 Überarbeitungen: Wie lässt sich hohe Qualität sicherstellen?

Ein befriedigender Moment: Die Texte sind geschrieben, alle Abbildungen beschafft, und das Werk ist an einen Verlag abgegeben. Doch damit ist die Arbeit am Manuskript noch lange nicht abgeschlossen. Auf Verlagsseite wird jetzt ein Lektor oder ein freier Mitarbeiter das Manuskript sehr genau prüfen – und auch im Selfpublishing sollten Sie auf diesen Schritt keinesfalls verzichten. Dabei geht es weniger darum, ob Sie exakt der Gliederung des Exposés gefolgt sind, sondern ob die Struktur, die Inhalte und die Sprache den Erwartungen der Zielgruppe und des Verlags entsprechen.

Meist sehen Lektoren oder Redakteure Dinge, die Ihnen nicht mehr aufgefallen sind. Das liegt daran, dass Sie Ihren Text im Detail kennen und beim Lesen eher das rekapitulieren, was dort geschrieben sein sollte, und nicht das, was dort im Wortlaut tatsächlich geschrieben ist. Selbst wenn ein professioneller Ghostwriter Ihren Text verfasst hat, ist eine sorgfältige Überarbeitung unerlässlich, denn er steht vor derselben Herausforderung.

## Gutes noch besser machen

Redaktion bedeutet nicht, ein Buch noch einmal komplett auf den Kopf zu stellen, und sie ist auch nicht mit einer Korrektur zu verwechseln, bei der die letzten Fehler eliminiert werden. Der Fokus liegt vielmehr auf der inhaltlichen, stilistischen und formalen, vielleicht auch juristischen, Überarbeitung eines Manuskripts. Voraussetzung ist also eine erneute Lektüre des vollständigen Werks. Anhand definierter Kriterien finden Sie heraus, an welchen Stellen Nachbesserungen notwendig sind.

Gehen Sie also am besten mit ein wenig zeitlichem Abstand und frischem Blick zur Erstfassung nochmals die einzelnen Kapitel detailliert durch, vielleicht gemeinsam mit Ihrem Ghostwriter, Ihrem Buchcoach oder einem professionellen Lektor. Je gründlicher und kritischer Sie hierbei mit sich selbst und Ihrer bisherigen Arbeit sind, desto besser wird das Ergebnis und desto weniger Arbeit kommt am Ende in der Korrekturphase auf Sie zu.

Holen Sie sich Feedback, und nehmen Sie Kritik an! Damit Sie andere Leser für sich und Ihr Anliegen gewinnen und Ihnen keine Fehler unterlaufen, ist ein kritisches, aber wertschätzendes Lektorat unverzichtbar. Denn das Bessere ist immer der Feind des Guten.

**Ist der Aufbau Ihres Texts logisch und nachvollziehbar?**
Das gilt für die Struktur des Buchs ebenso wie für die Binnenstruktur einzelner Kapitel bis zur Abfolge einzelner Gedankengänge und Sätze ohne Überschneidungen oder Sprünge. Dabei geht es auch um die Stimmigkeit der Überschriftenebenen und die Gewichtung der Kapitel.

**Sind Argumentation und Aussagen schlüssig und verständlich?**
Vermeiden Sie zu lange und verschachtelte Sätze, un- oder missverständliche Textpassagen oder solche, die sich nur nach mehrfacher Lektüre erschließen lassen.

**Stimmen Aussagen, Zahlen, Daten, Fakten und sind diese aktuell?**
Im Zweifel müssen Sie jedes Detail nochmals überprüfen oder nachrecherchieren.

**Werden Fachbegriffe richtig und sachgemäß verwendet?**
Die Leser sollen Fachbegriffe problemlos verstehen, andernfalls müssen diese an geeigneter Stelle erklärt werden.

**Werden gleiche Textelemente einheitlich verwendet und ausgezeichnet?**
Das betrifft beispielsweise Infokästen und Übersichten, Zitate und Beispiele, Fußnoten und Anmerkungen, Marginalien oder Aufzählungen.

**Werden Abbildungen, Grafiken oder Tabellen sinnvoll eingesetzt und dem Text eindeutig zugeordnet?**
Bilder, Diagramme, Karten und Tabellen müssen einen schnellen Überblick bieten und so die Verständlichkeit des Texts verbessern. Sinnvoll sind einheitliche Bildunterschriften und flexible Verweise auf den Text.

**Sind Zitate, Quellen und Literaturhinweise korrekt wiedergeben?**
Überprüfen Sie alles nochmals sorgfältig, und geben Sie bei Übersetzungen möglichst die deutschsprachigen Werke an.

**Ist die Wortwahl anschaulich und korrekt?**
Eine klare, lebendige Sprache mit überzeugenden Bildern ist besser als ein akademisch-bürokratischer Stil, ein Jargon voller Floskeln oder ein Text voll von Klischees. Ein falscher Wortgebrauch ist ebenso zu verbessern wie hölzerne Dialoge und andere sprachliche Schnitzer.

**Wie Sie Manuskripte professionell redigieren** (Fortsetzung)

**Stimmen Rechtschreibung, Grammatik und Zeichensetzung?**
Korrigieren Sie alle Fehler, die Ihnen auffallen. Es geht nicht darum, jetzt schon ein völlig fehlerfreies Manuskript zu erstellen, dafür gibt es später einen speziellen Korrekturlauf.

**Sind alle Schreibweisen vereinheitlicht?**
Gleiches sollte immer gleich behandelt werden. Das gilt nicht nur für einzelne Ausdrücke, sondern auch für Eigennamen, Titel oder Abkürzungen.

**Ist das Manuskript vollständig?**
Alle Abbildungen, Tabellen oder Anlagen sollten vollständig vorliegen, fehlende Teile deutlich vermerkt werden.

**Wurden die Verlagsvorgaben zur Manuskripterstellung beachtet?**
Eventuell ist eine Aufbereitung der Daten oder des Papierausdrucks nötig, um eine problemlose Weiterbearbeitung sicherzustellen.

**Gibt es Justiziables?**
Falls Persönlichkeitsrechte verletzt, ruf- oder geschäftsschädigende Aussagen getätigt werden, falls Schmähkritik geäußert, Gewalt verherrlicht oder eine Straftat offenbart wird, müssen Sie abwägen, ob Sie Textpassagen ohne Substanzverlust weglassen oder zumindest abmildern. Das gilt ebenso bei der eventuellen Verletzung von Urheber-, Marken- oder anderen Schutzrechten.

## Den Fehlerteufel austreiben

Sobald das Manuskript gesetzt ist, erhalten Sie einen ersten Korrekturabzug – entweder als Fahnenausdruck, wo Abbildungen und andere Gestaltungselemente noch nicht richtig platziert sind, oder in der Umbruchfassung mit dem endgültigen Seitenlayout. Meist sind mehrere Korrekturläufe notwendig, um einen möglichst fehlerfreien Umbruch zu erhalten, der die Grundlage für den Druck oder die Veröffentlichung als E-Book bildet.

Korrigieren bedeutet, das ganze Buch auf Fehler hin gründlich zu lesen. Neben dem Text gehören dazu Impressum, Inhaltsverzeichnis, Kolumnentitel, Marginalien, Anmerkungen, Literaturverzeichnis, Register, Tabellen, Grafiken, Abbildungen und Karten. Beim Korrekturlesen geht es um Rechtschreibung, Grammatik, Zeichensetzung und Silbentrennung, ebenso um die Einheitlichkeit von Schreibweisen oder die richtige Verwendung von Formeln und Sonderzeichen. Hinzu kommen die Beseitigung von typografischen Fehlern, die Korrektur des Layouts und die Prüfung von Strukturelementen wie Pagina, Kolumnentitel oder die Nummerierung von Abbildungen und Tabellen.

Sofern sich der Verlag nicht um das Korrekturlesen kümmert, lassen Sie diese Aufgabe von jemandem übernehmen, der an der Erstellung Ihres Corporate Books nicht beteiligt war. Denn alle anderen sind inzwischen ›textblind‹ und finden längst nicht alle Fehler.

## Lektoren, Redakteure und Korrektoren finden

Der Qualität Ihres Werks kommt zugute, wenn Sie einen unbefangenen, aber interessierten Dritten, der nicht direkt aus Ihrem Unternehmen oder persönlichen Umfeld stammt, bitten, das Manuskript zu lesen und Ihnen seinen Eindruck zu vermitteln. Suchen Sie dafür niemanden aus, der glaubt, Richter und Henker zu sein, und ohnehin alles besser kann. Bedenken Sie die alte Verlagsweisheit: »Es gibt kein stärkeres menschliches Gefühl als das, den Text eines anderen besser machen zu können.« Mitarbeiten und mitreden sollte nur, wer Exposé und Projektbriefing kennt, also das Kommunikationsziel, die Buchidee und die Leserschaft vor Augen hat.

Mitarbeiter und Studenten stehen immer in einem besonderen Leistungs- und Abhängigkeitsverhältnis zu Ihnen, und auch pen-

### Worauf es beim Korrekturlesen ankommt

**Satzbau und Grammatik:** Gibt es unvollständige oder doppelte Sätze oder Absätze? Stimmen die grammatischen Formen?

**Rechtschreibung:** Werden die Regeln der Rechtschreibung einheitlich verwendet? Sind Komposita korrekt mittels kurzen Bindestrichs durchgekoppelt?

**Silbentrennung:** Stimmt die Worttrennung (am besten nach Sprechsilben)? Gibt es verwirrende Trennungen? Folgen mehr als vier Trennungen aufeinander? Werden Zahlen vom zugehörigen Wort getrennt?

**Zeichensetzung:** Stimmt die Zeichensetzung? Wird sie einheitlich verwendet?

**Sonderzeichen:** Werden die richtigen Sonderzeichen verwendet – besonders lange Gedanken-, Bis- und Minusstriche, kurze Binde- und Trennstriche, die richtigen Apostrophe, An- und Abführung, Rechenzeichen und Auslassungspunkte?

**Einheitlichkeit:** Sind Schreibweisen, Hervorhebungen, Layout, Anführungszeichen einheitlich im gesamten Text – auch in Anmerkungen, Literaturverzeichnis, Register, Abbildungen und Tabellen?

**Inhaltsverzeichnis, Überschriften und Kolumnentitel:** Stimmen diese im Wortlaut überein?

**Seitennummerierung:** Ist sie korrekt? Stimmt sie mit Inhaltsverzeichnis, Register und anderen Verweisen überein?

**Abkürzungen:** Sind sie alle aufgelöst, andernfalls einheitlich verwendet?

sionierte Deutschlehrer sind häufig keine gute Wahl. Werden sie mit der Bitte ums Gegenlesen überrascht, sind sie eher verunsichert, wie sie mit dieser Herausforderung umgehen sollen. Besonders wenn sie wissen, dass der Text von einem Ghostwriter stammt, wollen sie im günstigsten Fall ihr Fachwissen herauskehren, ihren Arbeitsbereich im Buch besser positionieren und sich profilieren. Im ungünstigsten Fall erhalten Sie Kommentare wie »Super!«, »Häh? Versteh ich nicht!« oder »Da fehlt noch was …«. Das hilft Ihnen kaum weiter.

**Anmerkungen, Literaturverzeichnis und Register:** Sind sie einheitlich aufgebaut?

**Aufzählungen:** Werden Aufzählungspunkte durch Kommas verbunden, bei komplexen, unvollständigen Punkten durch Semikolons, und mit einem Punkt abgeschlossen?

**Zahlen:** Werden vor Währungs-, Prozent- oder Maßangaben Zahlen immer als Ziffern geschrieben? Werden Tausenderzahlen einheitlich mit geringem Festabstand (Spatium) oder mit Punkt getrennt? Werden Dezimalzahlen korrekt mit einem Komma getrennt, nicht mit einem Punkt?

**Abbildungen, Grafiken und Tabellen:** Passen Platzierung und Nummerierung von Abbildungen, Grafiken und Tabellen? Stimmen die Verweise im Text?

**Typografie:** Stimmen Schriftarten und Schriftgrößen, Einzüge, Wortauszeichnungen sowie Block- oder Flattersatz und Wortzwischenräume? Werden Rahmen, Raster und Farben richtig verwendet?

**Zeilen:** Stimmen die Leerzeilen vor und nach Überschriften und Aufzählungen? Steht nach einer Überschrift, Aufzählung oder Leerzeile die erste Zeile ohne Einzug? Steht die letzte Zeile eines Absatzes auf einer neuen Seite und muss durch Kürzen eingeholt werden? Lassen sich einzelne Zeilen am Seitenende vermeiden?

**Korrekturzeichen:** Haben Sie einheitliche Korrekturzeichen nach DIN 16511 verwendet, damit Änderungen von allen Beteiligten verstanden werden?

Die redaktionelle Bearbeitung eines Sachbuchs, Ratgebers oder Fachbuchs verlangt gute Fachkenntnisse, während Stilsicherheit vor allem in erzählerischen Texten gefragt ist, und manchmal braucht es eine Kombination von beidem. Geht es nur darum, die letzten Flüchtigkeitsfehler zu entdecken, benötigen Sie einen genauen und geschulten Leser mit hervorragenden orthografischen und typografischen Kenntnissen. Fertigkeiten, die Gelegenheitslektoren nicht unbedingt mitbringen, von professioneller Distanz ganz zu schweigen.

## Haben Sie auch nichts vergessen?

Dieses Kapitel verfügt bereits über zahlreiche und umfangreiche Checklisten. Gehen Sie diese jetzt noch einmal durch:

- **Experten:** Können die Experten begründen, warum sie was getan haben? Sind sie Ihren Wünschen nur gefolgt, oder waren sie Sparringspartner, wie Sie sie brauchen?
- **Informationsquellen:** Wurden Ihre Informationsquellen sorgfältig ausgeschöpft? Wurden sie auch auf Glaubwürdigkeit hinterfragt?
- **Abbildungen:** Sind alle Bilder, Grafiken und Tabellen von guter Qualität, in der richtigen Größe und an der richtigen Stelle?
- **Übersetzungen:** Wenn Sie Übersetzungen in Auftrag gegeben haben, wer hat deren Qualität überprüft?
- **Überarbeitungen:** Sind alle Überarbeitungen korrekt in die endgültige Fassung übertragen worden?

Wie finden Sie geeignete, professionelle Textverbesser, sofern nicht ein Verlag diese Aufgabe übernimmt? Am besten greifen Sie bei der Auswahl auf die Erfahrungen und Empfehlungen von Verlagsexperten oder anderen Autoren zurück. Und auch hier kann das Impressum vergleichbarer Bücher bei der Suche nach geeigneten Unterstützern Hilfestellung bieten. Empfehlenswert ist zudem das Verzeichnis des Verbands der Freien Lektorinnen und Lektoren (www.lektoren.de), das über tausend qualifizierte und erfahrene Lektoren, Redakteure und Korrektoren aufführt. Daneben arbeitet aktuelle Korrektursoftware immer zuverlässiger: Dank künstlicher Intelligenz findet sie nicht nur Orthografie-, Grammatik- und Interpunktionsfehler, sondern macht auch auf Wortwiederholungen oder andere stilistische Probleme aufmerksam und schlägt sogar passende Umformulierungen vor.

# 4 Vom Manuskript zum Markt: Was ist bei Produktion und Vermarktung wichtig?

In Kapitel 2 und 3 haben wir die Fragen geklärt, wie ein Buchkonzept erarbeitet wird und wie aus dem Konzept ein Manuskript entsteht. Bevor Sie sich nun um Fragen der Herstellung und Vermarktung kümmern, sollten Sie sich nach einem geeigneten Verlag umsehen – falls Selfpublishing für Sie keine Alternative ist.

So unterschiedlich wie die Einsatzmöglichkeiten eines Corporate Books, so vielfältig sind auch die Unternehmen, die sich mit der Produktion von Büchern befassen. Für das Jahr 2022 zählten die Branchenverbände in Deutschland, Österreich und der Schweiz insgesamt knapp 2.000 Verlage als Mitglied.[31] Hinzu kommen unzählige Kleinst- und Gelegenheitsverlage, die nicht erfasst werden – das *Adressbuch für den deutschsprachigen Buchhandel* spricht sogar von 24.000 Verlagen.[32] In Deutschland gehören von den hundert größten Buchverlagen rund 52 Prozent zum Bereich der Fachinformationen, circa 33 Prozent sind Publikumsverlage, die sowohl Belletristik als auch Sachbücher und Ratgeber veröffentlichen, und bei den restlichen rund 15 Prozent handelt es sich um Verlage für Bildungsmedien.[33] Daneben gibt es den ständig wachsenden Bereich von Agenturen, Redaktionsbüros, Book-Packagern oder Producern, die Verlage ebenso wie Selfpublisher auf unterschiedliche Weise unterstützen: Als Full-Service-Dienstleister können diese nahezu alle Funktionen eines Verlagshauses erbringen und reichen über alle Stufen der Buchentstehung – von der Ideenfindung über Texterstellung und Layout bis Druck, Vertrieb und Werbung.

Entsprechend einfach ist es heute, ein Corporate Book im Selfpublishing zu veröffentlichen, früher Privatdruck genannt – oder gar einen eigenen Verlag zu gründen. Das kann besonders dann interessant sein, wenn Sie beabsichtigen, mehr als nur ein oder zwei Bücher herauszubringen und dafür eine eigene Marke aufbauen oder nutzen wollen. Wir gehen aber davon aus, dass Verlage auch in Zukunft die zentralen Ansprechpartner für die meisten Autoren und Unternehmen bleiben. Zum einen, weil sie über umfangreiches Know-how, funktionierende Produktionsprozesse und etablierte Marktzugänge verfügen. Zum anderen, weil sie im Dickicht ebenso unbegrenzter wie unübersichtlicher Informationen eine immer wichtiger werdende Aufgabe wahrnehmen: die qualitative Kuratierung und Veredelung hochwertiger Inhalte.

Ganz gleich, ob Sie ein Corporate Book mithilfe eines Verlags, in Eigenregie oder mit einem externen Dienstleister herausbringen: Gedanken machen müssen Sie sich über Kosten und Erlöse ebenso wie über rechtliche Fragen. Außerdem sollten Sie für eine verlässliche Planung die grundlegenden Abläufe verstehen und wissen, worauf es bei der Produktion ankommt oder was für Vermarktung und Vertrieb wichtig ist.

## 4.1 Verlage, Selfpublishing oder Agenturen: Was sind die Möglichkeiten?

Sie haben angesichts der verschiedenen Publikationswege die Qual der Wahl: Soll Ihr Corporate Book Teil eines regulären Verlagsprogramms werden oder als Sondertitel unter dem Label eines Verlags erscheinen? Wollen Sie es im Eigenverlag publizieren oder von einem Hersteller für Sie produzieren lassen? Oder soll Ihr Buch nur als Ausgangspunkt für eine breit angelegte Kommunikationskampagne dienen, bei der Sie, Ihr Unternehmen, Ihre Produkte und Dienstleistungen im Mittelpunkt stehen? Bei der Klärung dieser Fragen stehen natürlich immer Ihre Kommunikationsziele im Vordergrund, aber auch das Budget spielt bei allem, was wünschenswert oder machbar wäre, eine entscheidende Rolle.

## Der richtige Verlag

Für Corporate Books bieten sich in den meisten Fällen Verlage als erste Ansprechpartner an. Das gilt besonders für die namhaften Labels beziehungsweise Imprints, die Autoren wie Lesern wohlbekannt und die in den Medien wie im Handel präsent sind. Da strahlt deren Renommee auch auf Sie und Ihr Vorhaben ab. Doch ist nicht alles Gold, was glänzt, und nicht jedes große und bekannte Verlagshaus wird automatisch das beste für Ihr Vorhaben sein.

Wenn Sie mit Ihrem Corporate Book ein Publikum erreichen wollen, das deutlich über Ihr bestehendes Umfeld hinausreicht, ist ein etablierter Verlag als Partner eine sinnvolle Wahl. Dieser muss nicht unbedingt groß sein, aber er sollte für Ihr Thema genau der richtige sein – und von Ihrem Projekt überzeugt. Denn die Größe eines Verlags bestimmt nicht die Qualität Ihres Buchs. Kleine und mittelständische Independents, die sich auf einzelne Themen fokussieren, produzieren zwar weniger Titel und verkaufen diese vielleicht auch in geringeren Stückzahlen als große Konzernverlage, aber als Spezialisten sind sie im Buchhandel, in den Medien und bei der Zielgruppe gut vernetzt und zeichnen sich oft durch besonderes Engagement aus. Große Verlagshäuser hingegen haben nicht nur einen hohen Titelausstoß, sie verfügen zugleich über starke Absatzkanäle und beherrschen die Standards der Vermarktung und der Medienarbeit aus dem Effeff. Die Titel, die hier eine hohe Auflage erreichen, subventionieren die mit einer schwächeren Performance – ein Vorgehen, das sich ein kleiner Verlag kaum leisten kann.

Um sich einen ersten Überblick über infrage kommende Verlage zu verschaffen, gehen Sie am besten in eine gut sortierte Buchhandlung und suchen das Gespräch mit den Experten. Richten Sie dabei den Blick auf die gesamte Warengruppe, denn diese wird das Umfeld für Ihr eigenes Buch bilden: Welche Themen und Titel sind hier in den letzten zwei Jahren erschienen, und welche Verlage waren besonders erfolgreich? Versuchen Sie herauszufinden, welchen konkurrierenden Verlagen der Buchhändler Ihres Vertrauens den Vorzug gibt und wie seine persönlichen Empfehlungen lauten. Verschaffen Sie sich auch einen Eindruck vom Erscheinungsbild der unterschiedlichen Verlage, und das nicht nur auf deren Homepage: Nehmen Sie Bücher in die Hand, und lassen Sie sich ruhig von Ihren subjektiven Eindrücken leiten – denn Bücher sind sinnliche Objekte, was sich im Online-Handel nicht immer erschließt.

Wenn Sie einen Buchcoach an Ihrer Seite haben, wird er Ihnen wertvolle Hilfestellungen geben und Empfehlungen aussprechen. Wahrscheinlich hat er Zugang zu den von neutraler Stelle ermittelten Verkaufszahlen, dem Handelspanel Buch von Media Control, sodass Sie wissen, welche vergleichbaren Titel in den vergangenen Jahren erfolgreich waren und welche nicht. Mit welchen Büchern hat sich der Verlag in einem bestimmten Segment seines Programms besonders profilieren können? Ohne fremde Hilfe empfiehlt es sich, die relevanten Bestsellerlisten zurate zu ziehen, die Sie beispielsweise auf den Seiten des Branchenmagazins *Buchreport* oder in anderen Medien finden.

Wenn Sie dann eine Vorstellung davon haben, welcher Verlag Ihrer Meinung nach für Sie und Ihr Buch infrage kommt, nehmen Sie Kontakt mit ihm auf und suchen nach Möglichkeit das persönliche Gespräch. Auch hier kann ein Buchcoach oder ein Literaturagent von Vorteil sein. Vielleicht stellen Sie in einem solchen Gespräch fest, dass der Verlag seine Programme lange Zeit im Voraus plant und Ihnen eine mögliche Veröffentlichung erst in zwei oder drei Jahren in Aussicht stellt. Das kann mit Ihren Vorstellungen zusammentreffen oder eben nicht. Handelt es sich bei Ihrem Corporate Book um ein Auftragsbuch, bei dem Sie einen mehr oder weniger großen Teil der Kosten tragen, lässt sich dieses als Sondertitel auch jenseits der festen Erscheinungszyklen platzieren.

Buchverlage übernehmen üblicherweise das unternehmerische Risiko und verlangen von ihren Autoren somit keine finanzielle Beteiligung. Doch in Zeiten kleiner Nischenzielgruppen, sinkender Verkaufszahlen, steigender Kosten und volatiler Märkte gerät dieses Modell ins Wanken, sodass Verlage zunehmend darauf angewiesen sind, zusätzliche Erlösquellen aufzutun. Das bedeutet immer häufiger, dass Autoren, Unternehmen oder Dritte aufgefordert werden, sich mit einem festen Druckkostenzuschuss oder der garantierten Abnahme einer Teilauflage finanziell zu beteiligen und so das verlegerische Risiko zu reduzieren. Bei nur schwer marktgängigen oder besonders aufwändig hergestellten Corporate Books ist dagegen nichts einzuwenden.

Problematisch wird es allerdings immer dann, wenn das gesamte Geschäftsmodell sogenannter Zuschussverlage allein auf der Finanzierung durch den Autor beruht. Neben den Produktionskosten werden häufig irgendwelche Dienstleistungen in Rechnung gestellt, nur um höhere Gewinne zu generieren, und das ohne nennenswerte Marktpräsenz oder Vertriebsaktivitäten. Dieses lukrative Feld solcher Pseudoverlage wird im Englischen ›Vanity-Press‹

genannt. Wichtig sind hier in jedem Fall Transparenz und verbindliche Vereinbarungen, auch hinsichtlich des Umfangs der übertragenen Nutzungsrechte und der zu erbringenden Leistungen.

## Die Kosten im Griff behalten

Gerade bei den Corporate Books gibt es viele Titel, die für ein Unternehmen oder einen Autor zur Imagebildung wichtig sind, aber im Handel kaum Chancen haben, weil sie zu teuer und zu aufwändig zu produzieren sind oder weil die Zielgruppe zu speziell ist. Während kleine Verlage solche Bücher neben ihrem Programm mitlaufen lassen, verfügen große Verlage oder Verlagsgruppen über eine eigene Corporate-Publishing-Abteilung. Die von Ihnen zu übernehmenden Kosten können dann von mittleren vierstelligen Beträgen für eine kleine Garantieabnahme von wenigen hundert Exemplaren bis zum Preis einer Eigentumswohnung für das Full-Service-Paket reichen. Aber um welche Formen der finanziellen Unterstützung und damit um welche Kosten geht es überhaupt?

Erstaunlicherweise überschätzen viele Auftraggeber ihren Eigenbedarf oder die Wirkung von hochwertig ausgestatteten Sonderausgaben erheblich, während sie gleichzeitig die Extrakosten unterschätzen. Und manchmal wird versucht, Extraleistungen zu erbringen, die Sie überhaupt nicht benötigen. In solchen Fällen ist es hilfreich, einen qualifizierten Berater zur Seite zu haben, der Paroli bieten kann und Sie vor überflüssigen Ausgaben bewahrt.

Wer der Meinung ist, besondere Ausgaben seines Buchs für bestimmte Zielgruppen zu brauchen, sollte dem Verlag keineswegs eine Blankovollmacht erteilen, sondern sich fragen: Wie viele, am besten namentlich benannte Personen gibt es, die mit einem Exemplar bedacht werden sollen? Braucht es wirklich eine bestimmte

### Formen der finanziellen Unterstützung

**Texterstellung:** Die Kosten für einen Co- oder Ghostwriter übernehmen in der Regel Sie, nur bei prominenten Persönlichkeiten manchmal der Verlag.

**Lektorat:** Die Redaktion und Korrektur sind Standardleistungen von Verlagen. Damit verbundene Kosten sollten deshalb auch von diesen getragen werden. Ausnahme: Der Überarbeitungsaufwand ist aufgrund von Qualitätsmängeln oder sehr vielen Änderungswünschen Ihrerseits besonders hoch.

**Produktion:** Wünschen Sie eine besondere Aufmachung, die über die marktüblichen Standards hinausgeht oder über das, wofür Buchkäufer bereit zu zahlen sind, müssen Sie sich an den Extrakosten beteiligen. Das ist etwa der Fall, wenn Ihr Buch mehrfarbig statt nur einfarbig gedruckt wird, wenn es eine hochwertige Papiere, einen edlen Einband, ein aufwändiges Innenlayout oder exklusive Abbildungen erhalten soll.

**Garantieabnahme:** Üblicherweise wird Ihnen auf die garantierte Abnahme einer Teilauflage ein Rabatt auf den Nettoladenpreis eingeräumt. Der kann von 20 Prozent für wenige Dutzend Exemplare bis zu maximal 50 Prozent für mehr als tausend Exemplare reichen, abhängig vom jeweiligen Projekt, von Ihrem Verhandlungsgeschick und den Grenzen des Buchpreisbindungsgesetzes. Zu berücksichtigen ist dabei, ob diese Eigenabnahme mit dem vereinbarten Autorenhonorar vergütet oder honorarfrei ausgeliefert wird.

**Vermarktung:** Die über das übliche Maß hinausgehenden Kosten werden, gegebenenfalls mit einem Aufschlag fürs Handling, an Sie weitergegeben, vor allem wenn der Markt beim Vertrieb Ihres Werks kaum eine Rolle spielt. Dazu gehören beispielsweise spezielle Marketingmaßnahmen, die Aktivitäten einer eigens engagierten PR-Agentur, die Herstellung besonderer Werbematerialien oder die großzügige Verteilung von Freiexemplaren für Rezensenten und Multiplikatoren.

Sonderausstattung, ist diese angemessen, und wird sie von den Adressaten überhaupt wahrgenommen? So gibt es immer noch Pseudoverlage, die ihren Kunden vorschlagen, einen Teil der Auflage in Leder binden zu lassen, weil das Buch damit besonders hochwertig wirke – was aber tatsächlich weder nachhaltig noch State of the Art, dafür aber unnötig teuer ist. Halten Sie also verbindlich fest, was bezahlt wird und was nicht: welche Kosten Sie übernehmen, wie viele Bücher Sie in welcher Ausstattungsqualität abnehmen, welche Vermarktungsaktivitäten zugesichert werden, was die Produktspezifikationen sind und wann der Erscheinungstermin ist. Dann erleben Sie keine unliebsamen Überraschungen und behalten die Kosten im Griff.

Wenn Sie sich mit einem interessanten Projekt an einen Verlag wenden, Sie ein gutes Konzept vorweisen können, gegebenenfalls einen guten Ghostwriter mitbringen und darüber hinaus für den eigenen Bedarf Bücher kaufen, werden Sie mit Ihrem Publikationsvorhaben meist auf Interesse stoßen. Im Idealfall verfügen Sie beziehungsweise Ihr Unternehmen für den Buchverkauf sogar über eine eigene Vertriebsstruktur oder können über eigene Kanäle für das Werk Werbung und Öffentlichkeitsarbeit machen – und auf diese Weise die Aktivitäten des Verlags unterstützen. Eine Win-win-Situation für alle Seiten.

Was steht all diesen durchaus beträchtlichen Kostenblöcken gegenüber? Das sind vor allem die Honorareinnahmen – eine Beteiligung an den Verkaufserlösen, manchmal ergänzt durch eine verrechenbare Vorauszahlung. Diese Honorarbeteiligung liegt bei einer Erstausgabe in der Regel zwischen 6 und 10 Prozent bezogen auf den Nettoladenpreis oder zwischen 8 und 15 Prozent bezogen auf den Nettoverlagserlös, bei dem der Handelsrabatt in Abzug gebracht wird, sodass im Ergebnis ähnlich viel (oder eher wenig) bei Ihnen ankommt.

Ein Buch lohnt sich finanziell nur dann, wenn es sich in hohen Stückzahlen oder konstant über einen langen Zeitraum verkauft. Hinzu kommen eventuell weitere Erlöse, wenn Sie vom Verlag bezogene Exemplare (zum offiziellen Ladenpreis) zum Beispiel auf Veranstaltungen selbst verkaufen oder durch die Akquise von be-

## Wie Verlage kalkulieren

Was die Produktion eines Buchs durchschnittlich kostet, ist kein Geheimnis und hängt im Einzelfall stark vom Umfang, der Ausstattung sowie der Höhe der Druckauflage ab. Als Beispiel für eine stark vereinfachte Musterkalkulation soll folgendes Buch dienen:

Paperback, DIN-A5-Format, 224 Seiten, 20 Abbildungen, zweifarbiger Druck, Offset-Papier 90 Gramm, 19,95 Euro Ladenpreis inklusive Umsatzsteuer, 3.000 Exemplare Startauflage.

Es ist eine Kalkulation, die deutlich macht: Die Beträge, die zur Deckung der Fixkosten zur Verfügung stehen, sind gering. Hier gibt es nicht viel Spielraum, und der Verlag muss sehr genau rechnen – durchaus typisch für viele Buchprojekte in einer margenschwachen Branche.

| | | |
|---|---|---|
| Druckauflage<br>Frei-, Beleg- und Rezensionsexemplare<br>Remissionen und Makulatur | 3.000 Ex.<br>–50 Ex.<br>–350 Ex. | |
| Nettoverkaufserlös | 2.600 Ex. | 48.477 € |
| Handelsrabatt | 45 % | -21.815 € |
| Verlagserlös | | 26.662 € |
| Herstellung (Satz, Papier und Druck)<br>Autorenhonorar<br>Lektorat (Redaktion, Korrektur und Register) | <br>8 %<br> | –10.100 €<br>–3.878 €<br>–2.228 € |
| Deckungsbeitrag 1 | | 10.456 € |
| Werbung und PR<br>Vertrieb und Auslieferung | 8 %<br>14 % | –2.133 €<br>–3.733 € |
| Deckungsbeitrag 2 | | 4.590 € |

zahlten Schlussanzeigen am Ende des Buchs. Viel wichtiger als solche Einnahmen ist letztlich: Wie wirkt sich ein Corporate Book positiv auf Image, Bekanntheit, Geschäftspartner beziehungsweise auf Ihre Kommunikationsziele aus – und wie macht sich das langfristig für Sie und Ihr Unternehmen bezahlt?

## Alternative Selfpublishing

Selfpublishing-Anbieter versprechen eine unkomplizierte Publikation in wenigen Schritten zu minimalen Kosten und hohen Einnahmen für die Autoren. Sie organisieren eine ISBN, listen das Corporate Book in den einschlägigen Buchkatalogen, sorgen für Bestellbarkeit im Handel (stationär und online) und stellen es als E-Book auf den relevanten Plattformen ein.

Bevor es jedoch so weit ist, müssen nicht nur der Text geschrieben und die Abbildungen beschafft sein, sondern von Ihnen auch alle anderen, zeitintensiven, Arbeitsschritte übernommen werden, die üblicherweise beim Verlag liegen: Lektorat, Umschlaggestaltung, Layoutentwicklung, Satz und Korrektur. Um das auf hohem Niveau zu realisieren, bedarf es umfangreichen Know-hows. Und das nicht nur bei der Buchentstehung, sondern auch nach Erscheinen bei Marketing, Pressearbeit und Vertrieb. Wenn Sie das nicht selbst machen können oder wollen, sind Sie auf Dienstleistungen angewiesen, die Sie zukaufen müssen. So sind am Ende der zeitliche Aufwand und der finanzielle Einsatz insgesamt eher höher als bei der Zusammenarbeit mit einem Verlag. Doch der hat seine festen Abläufe und ist oft nicht besonders flexibel darin, individuelle Wünsche zu berücksichtigen. Im Selfpublishing behalten Sie jederzeit die volle Kontrolle – ein wichtiger Vorteil, der seinen Preis hat.

Was auf den ersten Blick wie ein unschlagbares Angebot wirkt, hat einen weiteren Haken: Sobald Sie Ihr Corporate Book für Ihren Eigenbedarf drucken lassen, kann es schnell teuer werden, denn bei Klein- und Kleinstauflagen kostet die Produktion jedes Exemplars vergleichsweise viel. Das lohnt sich nur, wenn Sie tatsächlich sehr wenige Exemplare benötigen. Wollen Sie diese wenigen Exemplare dann aber selbst verkaufen, ist eine marktgängige Preisgestaltung oft nur unter Verzicht auf Ihre Gewinnspanne machbar.

Der Selfpublishing-Sektor hat in den letzten Jahren stark an Professionalität gewonnen und ist damit zu einer ernst zu nehmenden Alternative geworden. Das heißt zugleich, dass die Erwartungen der Adressaten an ein selbstverlegtes Corporate Book genauso hoch sind wie an eine Veröffentlichung in einem etablierten Verlag – Sie also in jeder Hinsicht dieselbe Qualität liefern müssen, wenn Sie erfolgreich sein wollen. Deshalb empfehlen wir, nicht nur die Leistungsangebote, Konditionen und Referenzen seriöser Selfpublishing-Anbieter miteinander zu vergleichen, sondern sich außerdem Papiermuster und Beispielbücher zeigen zu lassen. Last, but not least: Sich selbst in die Tiefen des Büchermachens einzuarbeiten, kann durchaus Spaß machen.

## Content-Marketing – wenn das Buch zur Nebensache wird

Fast alle großen Buch-, Zeitungs- und Zeitschriftenverlage haben zur Ergänzung ihres Kerngeschäfts auch Abteilungen für Corporate Publishing. Je nach Ausrichtung werden dort Bücher, Kundenmagazine, Geschäftsberichte, Jubiläumsbroschüren oder Zeitungsbeilagen konzipiert und produziert. Inzwischen hat sich das Leistungsspektrum stark erweitert, das neue Stichwort lautet ›Content-Marketing‹. Viele Verlage haben dementsprechend ihre Corporate-Publishing-Abteilungen mit Werbe- und PR-Agenturen kombiniert und zu Content-Marketing-Agenturen ausgebaut. Hier ist die Buchproduktion nur noch Nebensache.

Die Strategie des Content-Marketings bringt informierende, beratende oder unterhaltende Inhalte und Botschaften über sämtliche Kommunikationskanäle an die Adressaten: Print, Online und Social Media greifen ineinander und ergänzen sich. Wenn Sie ein Corporate Book durch Zeitschriftenartikel, Internetauftritte, Blogs,

## Wann ist welcher Publikationsweg sinnvoll?

**Verlag:** Wenn das gedruckte oder digitale Buch für den Handel im Fokus steht, es um breite Zielgruppen oder hohe Auflagen geht und Sie dafür etabliertes Know-how und funktionierende Marktzugänge nutzen wollen.

**Corporate-Publishing-Abteilungen:** Wenn das gedruckte oder digitale Buch für spezielle Nischenzielgruppen im Vordergrund steht, Marktgängigkeit nur eine untergeordnete Rolle spielt oder es überdurchschnittliche Anforderungen an die Produktausstattung gibt.

**Content-Marketing-Agentur:** Wenn Sie Ihre Inhalte mehrfach verwerten oder aufwerten und dafür Unterstützung aus einer Hand suchen oder Ihrem Buch durch breite Medienpräsenz (Zeitschrift, Internetauftritt, Blog, Podcast, Video-Channel, Social Media) eine überdurchschnittliche Aufmerksamkeit verschaffen wollen.

**Selfpublishing:** Wenn Sie volle Kontrolle über alle Schritte behalten wollen, dafür die erforderliche Expertise zur Verfügung haben, Sie nur wenige Exemplare benötigen oder es schnell gehen soll.

Podcasts, Video-Channels und andere Social-Media-Aktivitäten ergänzen wollen, sind entsprechende Content-Marketing-Agenturen für Sie geeignetere Partner als reine Buchverlage, die sich nur auf ein Medium konzentrieren. Geht es Ihnen um das perfekte Zusammenspiel mehrerer Komponenten, um bestehende Inhalte zu nutzen und für unterschiedliche Kanäle anzupassen (Content-Recycling) oder um deren Erweiterung und Aufwertung für unterschiedliche Zielgruppen (Content-Upcyling),[34] dann kann ein Buch Anlass und inhaltliche Basis für eine umfassende Kampagne werden.

Dass Print nicht tot ist, konnte das Content Marketing Forum zusammen mit dem Forschungsinstitut Scion in einer Studie zu Kundenmagazinen bestätigen: Demnach betrachten die Leser Print- und Digitalmedien nicht als Gegensatz, sondern vielmehr als gegenseitige Ergänzung. Print bietet vertiefende Informationen, hat Push-Funktion, erzeugt Aufmerksamkeit und regt an, über digitale

Medien Produkte zu kaufen oder mit den Anbietern in Kontakt zu treten. Besondere Wirkung entfalten Printmedien in puncto Aufmerksamkeit, Wissen und Imagebildung.[35] Dies gilt besonders für das gedruckte Buch.

## 4.2 Rechtsfragen: Was müssen Sie klären, bevor die Arbeit beginnt?

Mit der Veröffentlichung Ihres Buchs kommen Sie unweigerlich mit sehr unterschiedlichen rechtlichen Fragen in Berührung. Da geht es um die Gestaltung von Verlagsverträgen, um die Übertragung von Nutzungsrechten, um Titel- und Markenschutz, um Fragen des Zitatrechts, um die Berücksichtigung von Persönlichkeitsrechten oder um das Spannungsfeld zwischen Tatsachenbehauptungen und Meinungs- oder Kunstfreiheit. Wir empfehlen, im Zweifelsfall juristischen Rat einzuholen, am besten bei einem Experten für Medien- oder Urheberrecht. Denn falls Sie Ihr Buch wegen einer Rechtsverletzung vom Markt nehmen müssen, ist das nicht nur sehr teuer, sondern schadet auch Ihrer Reputation.

### Übertragung von Nutzungsrechten

Wie können Sie sicherstellen, dass niemand anderes die Inhalte Ihres Werks einfach kopiert? Urheberschutz entsteht automatisch mit Schaffung des Werks, ohne dass es dazu irgendwelcher Formalitäten bedarf. Urheber – das sind Autoren ebenso wie Ghostwriter, Übersetzer, Illustratoren oder Fotografen – haben ein ausschließliches Verfügungs- und Bestimmungsrecht an ihrem Werk und können frei entscheiden, was damit geschieht.

Das Urheberrecht schützt die ›persönliche geistige Schöpfung‹, also von Menschen (und nicht von KI-Tools) geschaffene Werke. Für Corporate Books heißt das: Unternehmen können nicht deren Urheber sein, sondern müssen sich die Nutzungs- und Verwertungsrechte von den Beteiligten übertragen lassen – die dann wiederum eventuell einem Verlag überlassen werden. In jedem Fall sind die Urheber zu nennen, sofern das nicht anders geregelt wurde, und angemessen zu vergüten; gleichzeitig greift ein Beeinträchtigungs- und Änderungsverbot. Dieser Schutz der Urheber endet – wenn vertraglich nichts anderes vereinbart ist – 70 Jahre nach deren Tod. Erst dann darf das Werk von jedermann genehmigungs- und honorarfrei vervielfältigt, bearbeitet und verbreitet werden.

Im Verlagsvertrag – der wichtigste urheberrechtliche Nutzungsvertrag – wird neben Fragen des Honorars, der Manuskriptabgabe, des Umfangs und weiterer Details vor allem die Übertragung der Nutzungsrechte geregelt. Während der Verlag sich verpflichtet, das Werk auf eigenes wirtschaftliches Risiko zu verwerten, erhält er im Gegenzug meist alle Rechte zur ausschließlichen inhaltlich, zeitlich und räumlich unbeschränkten und übertragbaren Nutzung für alle bekannten oder künftig entstehenden Nutzungsarten in allen Sprachen und in allen Medien. Diese Rechte werden sehr detailliert aufgeführt, was viele irritiert, die bisher keinen Verlagsvertrag gesehen haben. Aber Verlage lassen sich die Nutzungsrechte umfangreich übertragen, um diese entweder selbst verwerten oder an andere lizenzieren zu können, zum Beispiel die Audiorechte für ein Hörbuch oder die Übersetzungsrechte für eine fremdsprachige Ausgabe in einem ausländischen Verlag. Im Selfpublishing übertragen Sie hingegen nur die Rechte zur Vervielfältigung und Verbreitung Ihres Corporate Books an den Anbieter, und das nicht exklusiv und nur begrenzt auf die Dauer der vereinbarten Vertragslaufzeit.

Eine gute Orientierung bietet Ihnen der ›Normvertrag für den Abschluss von Verlagsverträgen‹, der zwischen dem Verband deutscher Schriftsteller (VS) und dem Börsenverein des Deutschen Buchhandels vereinbart wurde.[36] In der Praxis werden Sie allerdings kaum eine Vereinbarung finden, die diesem Normvertrag vollständig entspricht. Aufbau des Kontrakts und die Gewichtung der einzelnen Bestandteile sowie deren Formulierungen spiegeln die Erfahrungen und Anforderungen der unterschiedlichen Verlage wider.

Etwas komplizierter wird es, wenn Sie Ihr Corporate Book nicht allein, sondern zusammen mit einem Co-Autor erstellen oder von einem Ghostwriter schreiben lassen, denn dann sind diese Miturheber. Deshalb müssen sämtliche Nutzungsrechte wirksam an Sie oder direkt an den Verlag übertragen werden. Dafür wird ein gesonderter Ghostwriting-Vertrag geschlossen, in dem die Übertragung der Rechte, der Auftragsumfang und die Honorierung geregelt sind. Oder der Verlag schließt mit Ihnen und dem Ghostwriter einen gemeinsamen Verlagsvertrag. Zusätzlich empfiehlt sich, eine Verschwiegenheitsklausel zu vereinbaren, die es dem Co- oder Ghostwriter nicht erlaubt, seine Mitwirkung offenzulegen.

Wenn ein Ghostwriter unter eigenem Namen über Sie schreiben soll, schließt der Verlag den Nutzungsvertrag mit ihm. Zahlt der Verlag ihm kein oder nur ein geringes Honorar, wird der Ghostwriter mit Ihnen einen Dienstleistungs- oder Werkvertrag vereinbaren. Falls Sie jedoch Kosten des Verlags übernehmen, wird dieser mit Ihnen die Details in einem Kauf-, Dienstleistungs- oder Werkvertrag regeln.

Übrigens muss die Überlassung der Nutzungsrechte genauso fixiert werden, wenn Sie beispielsweise Fotografen, Illustratoren oder Übersetzer beschäftigen. Je mehr Beteiligte es gibt und je komplexer das Konstrukt, umso mehr empfiehlt es sich, auf Nummer sicher zu gehen und einen Urheberrechtsexperten zurate zu ziehen.

### Bücher haben feste Preise

In Deutschland und Österreich, nicht aber in der Schweiz, gibt es zur Förderung einer vielfältigen Leselandschaft eine gesetzlich verankerte Preisbindung für gedruckte Bücher, Musiknoten, kartografische Werke ebenso wie für E-Books. Das heißt, Verlage müssen verbindliche Ladenpreise für Endabnehmer, inklusive Umsatzsteuer, festlegen. Geregelt sind außerdem Subskriptions- und andere Sonderpreise oder die Preise von (nahezu) identischen Parallelausgaben.

Nachlässe dürfen nur unter bestimmten Bedingungen gewährt werden. Deshalb dürfen auch Sie für Ihr Corporate Book keine Rabatte einräumen und es zu keinem anderen als dem festgesetzten Ladenpreis weiterverkaufen, selbst wenn Sie es vom Verlag günstiger bezogen haben. Einer kostenlosen Weitergabe steht allerdings nichts entgegen.

### Wem gehört der Buchtitel?

Der Titel eines Corporate Books ist neben seinem Inhalt ein wesentlicher Erfolgsfaktor (siehe Kapitel 2.3). Die Bezeichnung von Büchern unterliegt dem sogenannten Titelschutz und erstreckt sich auf Haupt-, Unter- oder Reihentitel. Er soll Schutz vor Verwechslungen gewähren, teils auch über unterschiedliche Werkkategorien wie Buch, Film und Fernsehsendung hinweg. In jedem Fall muss ein Titel eine ausreichende Kennzeichnungs- und Unterscheidungskraft besitzen.

In der Praxis bedeutet das, dass Sie genau prüfen sollten, ob Ihr Titel bereits vergeben ist. Nachschauen können Sie kostenlos im Verzeichnis Lieferbarer Bücher (www.buchhandel.de), bei der Deutschen Nationalbibliothek (www.d-nb.de), der Österreichischen Nationalbibliothek (www.onb.ac.at), der Schweizerischen Nationalbibliothek (www.snl.ch) oder im Titelschutz-Anzeiger (www.titelschutzanzeiger.de). Werden Sie dort fündig, besteht Titelschutz, und

Sie müssen sich erneut auf die Suche begeben. Berücksichtigen Sie auch andere Werkkategorien wie Filme oder Fernsehsendungen.

Ist der Titel noch frei, ist er automatisch mit Erscheinen Ihres Buchs geschützt. In Deutschland können Sie ihn bis maximal sechs Monate vor Erscheinen mit einer Anzeige im *Börsenblatt* schützen, in der Schweiz im *Schweizer Buchhandel* und in Österreich, wo erst mit der Markteinführung Titelschutz entsteht, im *Anzeiger*. So darf niemand anderes Ihren Wunschtitel verwenden – und das, solange Sie ihn nutzen. Dieser Schutz erlischt erst, wenn der Titel endgültig aufgegeben wird, nicht aber, wenn das Werk nur vorübergehend nicht lieferbar ist.

## Über Zitate und Plagiate

Wann können Sie Texte oder Abbildungen, die aus einer anderen Quelle stammen, als (kostenfreies) Zitat übernehmen, ohne eine Abdruckgenehmigung einzuholen? Die Grenzen dafür sind eng gesteckt, denn fremde Texte und Bilder, selbst mit Quellenangabe, dürfen Sie nicht einfach übernehmen, selbst wenn diese anonym irgendwo im Internet stehen. Ein Text- oder Bildzitat muss eine Erläuterungs- oder Belegfunktion erfüllen und erforderlich sein – auch hinsichtlich seines Umfangs, wofür es allerdings keine festen Vorgaben gibt. Es darf nicht bloß eigene Gedanken oder Formulierungen ersetzen, auch wenn Sie selbst es nicht besser sagen könnten. Sie dürfen das Zitat nicht verändern und müssen es als Fremdbeitrag kenntlich machen. Zudem müssen Sie die Quelle angeben, und diese muss veröffentlicht sein.

Schnell ist die Grenze zum Plagiat überschritten – etwa indem Sie fremde Ideen, Inhalte oder Quellen übernehmen, zusammentragen, zusammenfassen oder umformulieren. Ein unerlaubtes Plagiat ist auch, wenn Sie Aufbau, Inhalt und Gliederung eines fremden Texts wiedergeben, wenn Sie urheberrechtlich geschützte Textpassagen ohne Quellenangabe übernehmen oder mit Quellenangabe, ohne dass die Voraussetzungen eines Zitats vorliegen.

In all diesen Fällen – oder wenn Sie sich unsicher sind – sollten Sie stets eine Abdruckgenehmigung vom Rechteinhaber einholen, wofür meist ein kleines Honorar fällig wird. Keine Genehmigung brauchen Sie, wenn Sie gemeinfreie Inhalte wie Zahlen, Daten, Fakten aus allgemein zugänglichen Quellen in eigenen Worten wiedergeben. Das gleiche gilt für wörtlich übernommene Textpassagen ohne ausreichende ›schöpferische Höhe‹ – oder wenn alle Urheber sowie gegebenenfalls deren Übersetzer seit mindestens 70 Jahren tot sind. Gehen Sie kein Risiko ein, denn Plagiate lassen sich leicht enttarnen – und sind immer schlecht für Ihren Ruf.

## Bildrechte nicht vergessen

Fotografien, Grafiken, Karten, Cartoons oder andere Illustrationen, die Sie nicht selbst erstellt haben, dürfen Sie für Ihr Buchprojekt nicht einfach so verwenden oder aus anderen Quellen wie dem Internet übernehmen. Auch hierfür müssen Sie die Nutzungsrechte einholen. Lassen Sie sich in jedem Fall die Übertragung der Bildnutzungsrechte schriftlich bestätigen; nur im Ausnahmefall dürfen Sie Abbildungen rechtefrei verwenden. Üblicherweise erhält der Rechteinhaber neben dem Honorar ein oder mehrere Belegexemplare. Auf die Quellen müssen Sie in der Bildunterschrift, in einem Abbildungsverzeichnis oder im Impressum hinweisen. Übrigens: Das Retuschieren oder Beschneiden von Abbildungen stellt eine Bearbeitung dar, für die Sie die Zustimmung der Rechteinhaber benötigen.

## Gibt es rechtliche Probleme?

Wenn Sie eine oder mehrere der folgenden Fragen mit Ja beantworten können, sollten Sie ganz genau hinsehen und im Zweifelsfall von einer Veröffentlichung Abstand nehmen:

- Werden Texte, Abbildungen oder anderes Material Dritter verwendet?
- Enthält der Text in großem Umfang Text- oder Bildzitate?
- Gibt es Zitate, obwohl sich problemlos eigene Worte finden ließen?
- Findet keine inhaltliche Auseinandersetzung mit übernommenen Zitaten statt?
- Sind auf Fotos andere erkennbar abgebildet?
- Gibt es Fakten, die für andere ruf- oder geschäftsschädigend sein könnten?
- Enthält der Text Schmähkritik oder Formalbeleidigungen?
- Werden unwahre Tatsachenbehauptungen verbreitet?
- Gibt es brisante Aussagen, die nicht durch eigene verifizierbare Quellen belegt werden?
- Enthält der Text Details aus der Privatsphäre Dritter, ohne dass es ein aktuelles öffentliches Interesse gibt?
- Enthält der Text Informationen aus der Geheim- oder der Intimsphäre Dritter?
- Gehört der Text in die Kategorie der gefahrengeneigten Anleitungsliteratur?

Wichtig: Sind Personen erkennbar abgebildet, muss deren ausdrückliches Einverständnis für eine Veröffentlichung vorliegen (›Model-Release‹), denn das Recht am eigenen Bild ist Teil des allgemeinen Persönlichkeitsrechts. Falls Eigentumsrechte betroffen sind – bei der Abbildung von Innenräumen, Haustieren oder individuellen Gegenständen –, brauchen Sie ebenso ein ›Property-Release‹ wie bei der Wiedergabe von Werken der Architektur oder der Kunst. Problematisch können markenrechtlich geschützte Zeichen oder Gegenstände sein; auch hier sollten Sie eine Einwilligung einholen.

## Fakten müssen stimmen

Alles, was in Ihrem Buch steht, muss den Tatsachen entsprechen. Diese sollten Sie belegen können, und zwar im Zweifelsfall anhand eigener Recherchen, nicht nur anhand von Sekundärquellen. Meinungen oder Werturteile hingegen dürfen durchaus zugespitzt, polemisch oder gar abwegig sein, denn sie entziehen sich einer objektiven Überprüfbarkeit. Doch immer wieder treten das Recht auf freie Meinungsäußerung, die Kunstfreiheit, das öffentliche Informationsinteresse sowie die Freiheit von Wissenschaft und Forschung mit dem Persönlichkeitsrecht in Konkurrenz. Dieses gewährt nämlich Schutz vor falschen, rufschädigenden oder verzerrenden Darstellungen, insbesondere durch falsche Tatsachenbehauptungen, vor ungewollter Veröffentlichung privater Angelegenheiten, vor identifizierender Berichterstattung und vor unautorisierten Biografien oder Fotografien. Problemlos können Sie in aller Regel über öffentliche oder berufliche Ereignisse schreiben, besonders wenn diese einen Aktualitätsbezug haben, müssen aber die Grenzen der Privatsphäre beachten, auch bei Prominenten.

Heikel wird es immer, wenn in Büchern potenziell Justiziables steht: wenn beispielsweise Persönlichkeitsrechte verletzt, ruf- oder geschäftsschädigende Aussagen getätigt werden, wenn Schmähkritik geäußert, Gewalt verherrlicht oder eine Straftat offenbart wird. Dann müssen Sie abwägen, ob Sie Textpassagen ohne Substanzverlust weglassen, verfremden oder zumindest abmildern können. Nicht zu reden von der eventuellen Verletzung von Urheber-, Marken- oder anderen Schutzrechten, für deren Einhaltung Sie beziehungsweise der Verlag einstehen. Auch hier gilt: Im Zweifelsfall sollten Sie einen versierten Medienrechtler zurate ziehen, denn die Abgrenzung zwischen Tatsachenbehauptung und Meinungsäußerung, zwischen rechtlich zu Beanstandendem und den zentralen demokratischen Grundrechten fällt selbst Experten nicht immer leicht. Und sicher ist es nicht das Ziel, dass Sie mit Ihrem Corporate Book vor Gericht landen.

## 4.3 Produktion und Planung: Wie managen Sie Ihr Buchprojekt?

Die Produktion von Büchern ist komplex, da viele Prozesse und Beteiligte aufeinander abgestimmt sein müssen, damit ein überzeugendes Ergebnis entsteht und Termine und Kosten nicht aus dem Ruder laufen. Hierfür braucht es ein verlässliches, manchmal auch rigides Projektmanagement mit dem Blick für das Wesentliche. Und es braucht einiges an Know-how, damit der gute Inhalt richtig in Szene gesetzt wird und Erscheinungsbild und Verarbeitungsqualität stimmen. Es geht also um Fragen der Buchgestaltung, der Materialwahl und des Produktionsverfahrens, zudem gewinnt der Aspekt der Nachhaltigkeit immer mehr an Bedeutung. Was Sie wissen müssen, um qualifizierte Entscheidungen zu treffen, die richtigen Vorgaben zu machen und die Qualität des fertigen Produkts beurteilen zu können, erfahren Sie in diesem Kapitel.

### Wie eine realistische Zeitplanung gelingt

Wer auch immer Ihr Projekt realisiert – es will sorgfältig geplant sein. Dafür sollten Sie die anfallenden Aufgaben kennen und wissen, wie lange Sie für jeden Schritt benötigen, auch bei vermeintlich einfachen Publikationen. Üblicherweise gliedert sich ein Buchprojekt in folgende Phasen:

**Redaktion:** vom Eingang eines Manuskripts über die redaktionelle Bearbeitung, Bildbeschaffung und Registererstellung bis zur Satzreife.

**Layout und Satz:** von der Übergabe des Manuskripts an die Herstellung über Layoutentwicklung, Satz und Umschlaggestaltung bis zum Korrekturumbruch.

**Korrektur:** vom Korrekturlesen über die Revision bis zur Druckfreigabe.

**Produktion:** von Druck, Druckveredelung und Bindung bis zur Auslieferung.

Parallel müssen Marketingaktionen geplant, Cover gestaltet, Bilder beschafft und Umschlagtexte geschrieben werden. Dabei sind alle Beteiligten auf verlässliche Zuarbeit angewiesen, denn Verzögerungen sind nicht nur kostenträchtig, sondern können das gesamte Projekt gefährden. So hängen Erfolg, Qualität und pünktliches Erscheinen eines Corporate Books auch von einer realistischen Planung und genauen Absprachen ab. Falls es zu Terminverschiebungen kommt: Informieren Sie alle Beteiligten so rasch wie möglich.

**Zeitplanung: Wie lange dauert der Produktionsprozess?**

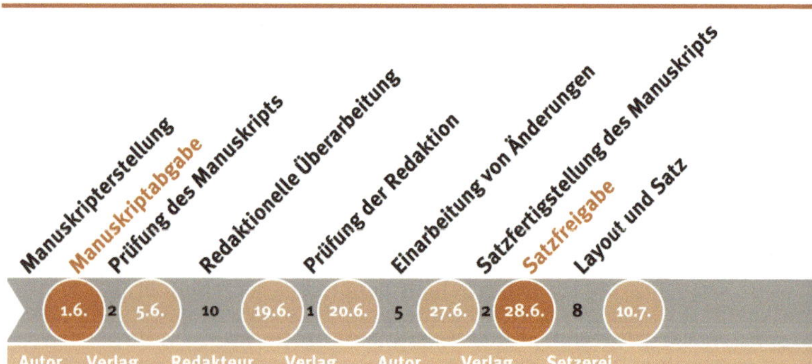

Für die Zeitplanung der Buchproduktion gibt es grundsätzlich zwei Möglichkeiten. Entweder beginnen Sie bei der Manuskriptabgabe und addieren die Zeiten, die Sie für die einzelnen Arbeitsschritte benötigen. So können Sie bei einem spontanen Schnellschuss den frühestmöglichen Veröffentlichungstermin festlegen. Oder Sie gehen umgekehrt vom Erscheinungsdatum aus, rechnen zurück und bestimmen so alle Termine bis zur Manuskriptabgabe. Dieser zweite Weg ist sinnvoll, wenn das Buch an irgendwelche Ereignisse gebunden ist.

Vergessen Sie nicht, Postwege, (verlängerte) Wochenenden, (regionale) Feiertage und Urlaubszeiten zu berücksichtigen. Darüber hinaus empfiehlt sich ein Zeitpuffer, denn erfahrungsgemäß kommt es immer zu Verzögerungen.

Aber nicht nur Terminverschiebungen können teuer werden, auch ein zu hoher Zeitdruck verursacht Kosten, da die Honorarforderungen von Dienstleistern steigen und eine höhere Fehlerquote nicht unerheblichen Mehraufwand zur Folge hat. Die hier abgebildete Zeitachse lässt sich gleichermaßen als ›realistisch‹, aber auch als ›sportlich‹ ansehen.

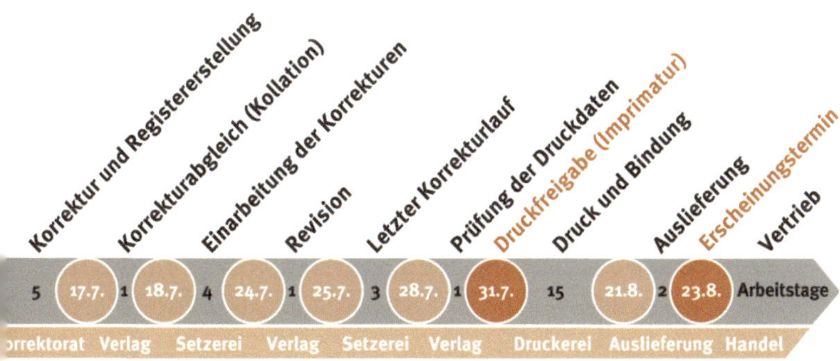

## Was ist ein schönes Buch?

Bei Corporate Books sind Autoren als Auftraggeber schnell überfordert, wenn es um Formate, Layout, Typografie, Abbildungsspezifikationen, Materialqualitäten, Papier und Einband geht. Deshalb legen Verlage und Agenturen ihren Kunden gern vergleichbare Bücher vor. Ob das fertige Produkt allerdings in allen Details dem Muster entspricht, stellt sich erst im Nachhinein heraus. Viele Entscheidungen, die die Qualität des Buchs ausmachen, werden nämlich erst während des Herstellungsprozesses getroffen.

Jeder Layouter wird sich zwar die größte Mühe geben, Ihr Corporate Book attraktiv zu gestalten, doch sind Talent und Geschmack höchst verschieden und werden von Zeitgeist und Modeerscheinungen beeinflusst. Ein Buch, das vor wenigen Jahren noch als schön empfunden wurde, kann heute vielleicht schon als angestaubt, überladen oder nichtssagend wirken. Benutzerfreundlichkeit und optimale Lesbarkeit sind zwar die Hauptziele, doch auch für Grafiker gilt: Die Schönheit liegt im Auge des Betrachters. Dennoch gibt es zahlreiche Regeln, die bei der Beantwortung typografischer Fragen helfen. Ambitionierte Grafiker behandeln Bücher immer als Einheit und entwickeln deshalb die Gestaltung von innen (Titelei, Textteil und Anhang) nach außen (Einband und Umschlag).

Die Titelei enthält alles, was vor dem eigentlichen Textteil steht. Dafür gibt es keine unverrückbaren Regeln – nur die Pflicht, ein Impressum zu erstellen. Mit dem sogenannten Schmutztitel, der nur Autorennamen, Haupttitel und Verlagslogo enthält, beginnt zugleich die Seitenzählung. Die Rückseite des Schmutztitels bleibt meist leer (vacat). Auf dem Haupttitel werden alle wesentlichen bibliografischen Angaben abgedruckt: Vor- und Nachname der Autoren oder Herausgeber, Haupt- und Untertitel sowie Verlagsname und -logo.

Auf der Rückseite des Haupttitels folgt das Impressum, das aber genauso am Ende des Buchs stehen kann. Es enthält die ISBN (Internationale Standardbuchnummer), das Copyright-Zeichen mit Angabe von Verlag und Erscheinungsjahr, sonstige Schutzvermerke, den Vermerk über die Aufnahme des Titels in den Katalog der Nationalbibliothek sowie die Auflage mit Jahreszahl. Ergänzend können im Impressum noch der Name des verantwortlichen Lektors, des Co- oder Ghostwriters und anderer Bearbeiter stehen sowie Angaben zur Setzerei, Druckerei und Buchbinderei. Bei Lizenzausgaben ist die Nennung des Originaltitels und -verlags meist vertraglich festgeschrieben.

Eine Seite mit einer Widmung oder einem Motto ist ebenso Bestandteil der Titelei wie das Inhaltsverzeichnis. Hier gibt es unterschiedliche Gepflogenheiten und Erfordernisse: Manche Inhaltsverzeichnisse sind sehr tief gestaffelt, andere enthalten nur die Hauptkapitel. Vorwort, Geleitwort oder Danksagung können vor oder nach dem Inhaltsverzeichnis stehen oder als Nachwort am Ende des Buchs. Im Gegensatz zu einer Einleitung sind sie nicht Bestandteil des eigentlichen Texts und enthalten persönliche Kommentare, Dank oder Angaben zur Entstehung des Werks. Aus diesem Grund ist auch die Unterzeichnung mit Namen, Ort und Datum üblich.

Der Hauptteil des Buchs besteht aus dem eigentlichen Text, der in einzelne Teile, Kapitel, Unterkapitel und Abschnitte gegliedert wird. Sein Aufbau folgt inhaltlichen Erfordernissen. Der Anhang schließt das Buch ab. Hier steht alles, was nicht zum Textteil gehört, aber zum Verständnis notwendig oder nützlich ist. Dazu zählen zum Beispiel ein Bildteil, falls die Abbildungen nicht einzeln in den Text eingestreut werden, Zusatzmaterialien wie längere Originaldokumente und Übersichtstafeln oder ein Glossar, in dem wichtige Begriffe erklärt sind. Weiter finden sich im Anhang die

Anmerkungen als Alternative zu Fußnoten am Seitenende sowie das Literatur-, Quellen- und Abbildungsverzeichnis. Ein Register oder Index mit wichtigsten Stich- und Schlagwörtern hilft, den Text zu erschließen – sinnvoll bei komplexen Werken mit relevanten Schlüsselbegriffen, Personen-, Firmen- oder Ortsnamen.

## Ordnung schaffen

Bei der Entwicklung eines Buchlayouts geht es darum, alle Text- und Bildelemente harmonisch anzuordnen, was der einfachen und schnellen Orientierung der Leser dient. Deshalb sollten jedem Buch ein klares und einheitliches Gestaltungsraster zugrunde liegen.

Die erste Entscheidung ist die Wahl des Buchformats, das nicht nur von den drucktechnischen Möglichkeiten, sondern auch von den Kosten abhängt. Dabei können Sie sich im Buchhandel an den Standards der Warengruppe orientieren, oder Sie wählen bewusst ein ungewöhnliches und auffallendes Format.

Im nächsten Schritt wird der Satzspiegel festgelegt. Das ist der Teil der bedruckten Fläche einer Buchseite, die den Text einschließlich Überschriften, Abbildungen und Fußnoten beinhaltet. Außerhalb des Satzspiegels stehen üblicherweise Seitenzahl, Kolumnentitel und Marginalien.

Schrift interpretiert Inhalte und hat damit großen Einfluss auf den Charakter eines Buchs: sachlich oder emotional, streng oder verspielt, statisch oder dynamisch, veraltet oder modisch. Die Wahl der richtigen Schriftart fällt schwer angesichts vieler tausend Schriften, die zur Verfügung stehen. Besonders wenn mehrere Schriften in einem Buch verwendet werden, ist viel Fingerspitzengefühl gefragt: Einerseits sollen sie miteinander harmonieren, andererseits sich deutlich voneinander abheben. Auch deshalb ist es

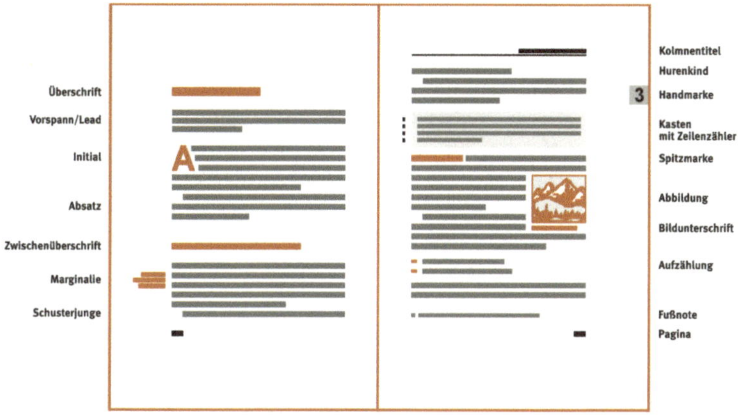


**Seitenaufbau: Was sind die wichtigsten Gestaltungselemente?**

besser, sich auf wenige Schriftarten zu beschränken. Dabei steht Lesbarkeit stets im Vordergrund.

Eine gute Typografie ist immer gut lesbar. Sie lenkt die Aufmerksamkeit der Leser nicht vom Inhalt ab, sondern erzeugt ein harmonisches, differenziertes und unmissverständliches Schriftbild. Dabei nimmt die Lesbarkeit nicht automatisch mit einem größeren Schriftgrad zu – das Gegenteil kann sogar der Fall sein. Weitere wichtige Faktoren sind der Buchstabenabstand, der Wortabstand, die Zeilenlänge und der Zeilenabstand.

Die Hervorhebung von einzelnen Textstellen gegenüber der Grundschrift heißt Auszeichnung. Es lassen sich Buchstaben, Wörter, Sätze, Zeilen oder gar ganze Absätze auszeichnen, um den Text zusätzlich zu strukturieren, Wichtiges zu betonen oder inhaltliche Unterschiede kenntlich zu machen. Wenn Sie aber zu viel hervorheben, geht die Wirkung verloren; außerdem wird das Schriftbild unruhig und der Lesefluss behindert. Auf jeden Fall muss sich den Lesern die Bedeutung einer bestimmten Auszeichnung problemlos erschließen.

## Die zwölf häufigsten Layoutfehler von A bis Z

- **Abbildungen:** Abbildungen werden nicht sorgfältig auf der Seite platziert, sondern immer genau dort, wo das Manuskript es vorsieht. So entstehen viele Weißflächen.
- **Absätze:** Absätze werden nicht mit Einzug markiert, sondern mit einer Leerzeile, wodurch ein unruhiges Seitenbild entsteht. Oder die erste Zeile eines neuen Absatzes steht allein am Ende der Seite (›Schusterjunge‹) oder die letzte Zeile eines Absatzes allein auf einer neuen Seite (›Hurenkind‹), was unprofessionell wirkt.
- **Auszeichnungen:** Zu viele unterschiedliche, gar gleichzeitig verwendete Hervorhebungen sorgen für ein unruhiges und unübersichtliches Schriftbild.
- **Blocksatz:** Zeichen- und Wortabstände werden zu stark manipuliert oder lange Überschriften im Blocksatz gesetzt, statt sinngerecht zu trennen. Darunter leidet die Lesbarkeit.
- **Farben:** Farbige Schriften oder Linien sind nicht kräftig genug, können gegenüber der schwarzen Grundschrift nicht bestehen und sind damit schlecht erkennbar.
- **Formeln:** Formeln sind nicht klar strukturiert, oder deren Bestandteile wie Bruchstriche oder Exponenten sind in Bezug zur Grundlinie falsch positioniert. So lässt sich nicht erfassen, welche Formelteile zusammengehören.
- **Raster:** Der Tonwert von grauen oder farbigen Rasterunterlegung ist zu hoch, sodass die Schrift schwer lesbar ist.
- **Satzspiegel:** Die Seitenränder sind zu schmal und die Seiten zu voll gepackt, worunter die Übersichtlichkeit leidet.
- **Schriften:** Zu viele Schriftarten machen unterschiedliche Inhalte nicht auf den ersten Blick kenntlich, heben sich nicht deutlich genug voneinander ab oder harmonieren nicht miteinander.
- **Überschriften:** Unterschiedliche Überschriftenebenen heben sich kaum erkennbar voneinander ab, sodass die Orientierung verloren geht.
- **Versalien:** Textpassagen in Großbuchstaben sind schlecht lesbar und fehleranfällig.
- **Zeilen:** Schlecht lesbar sind Zeilen, die zu lang, zu eng oder mit zu großem Abstand gesetzt sind.

## Worauf Sie bei Abbildungen achten müssen

Abbildungen spielen in vielen Corporate Books eine wichtige Rolle, sei es zur Veranschaulichung der Inhalte, zur Dokumentation oder als Erinnerung. Deshalb sind die Ansprüche an eine einwandfreie Wiedergabe hoch. In der Regel erfordern Abbildungen bei der Buchherstellung besondere Aufmerksamkeit, selbst wenn keine umfangreichen Retuschen oder zusätzlichen Bearbeitungen notwendig sind. Allein deshalb ist es sinnvoll, Entscheidungen Fachleuten zu überlassen oder Dritte mit der Erstellung der Druckunterlagen zu beauftragen, die die technischen Möglichkeiten und Erfordernisse genau kennen. Denn wie Abbildungen in einem fertigen Buch wirken, lässt sich für Nichtgrafiker kaum abschätzen.

So vermeiden Sie beispielsweise, als Vorlage Abbildungen im DIN-A4-Querformat mit vielen Detailinformationen zu verwenden, die hervorragend zu lesen und zu verstehen sind. Doch im Buch selbst werden diese von einer Breite von 29,7 Zentimetern auf eine Satzbreite von 10 bis 12 Zentimetern geschrumpft; entsprechend klein und unlesbar ist dann die Schrift. Auch wenn eine mehrfarbige Grafik oder ein Foto nur schwarz-weiß wiedergegeben wird, sind Probleme vorprogrammiert, weil sich die farbigen Hervorhebungen später in Graustufen nicht genau voneinander unterscheiden lassen. Ist das Buch durchgehend vierfarbig und auf dem richtigen Papier gedruckt, werden die Ergebnisse bei entsprechender Bearbeitung überzeugen.

Bei der Auswahl und Bearbeitung von Abbildungen gilt deshalb: Die Qualität der Vorlage bestimmt die Qualität der Reproduktion. Unbeschädigte und hochwertige Originale eignen sich besonders, während Flecken, Knicke und Kratzer eine gute Wiedergabe ebenso erschweren wie kopierte oder bereits gedruckte Vorlagen. Auch Unschärfen, Farbstiche oder eine mangelhafte Auflösung lassen sich trotz aufwändiger Bildbearbeitungsprogramme kaum ausgleichen; die Bearbeitung kostet aber auf jeden Fall viel Zeit und Geld.

Grafiken und Zeichnungen müssen kontrastreich und konturenscharf auf hellem, nicht zu dünnem Papier oder am besten digital angefertigt werden. Werden für ein Buch mehrere Grafiken erstellt, sollte deren Ausgangsgröße identisch sein, da sich bei späteren Vergrößerungen oder Verkleinerungen Linienstärken und Schriftgrößen ändern. Das bedeutet auch, dass überall dieselben Schriftgrößen und Schriftarten zu verwenden sind.

Abbildungen, die am Computer erstellt oder mit der Digitalkamera aufgenommen wurden, lassen sich einfach in das Layoutprogramm integrieren. Dafür müssen sie in einem importierbaren Datenformat gespeichert sein und dürfen nicht komprimiert werden. Die erforderliche Auflösung hängt vom gewählten Abbildungsmaßstab ab, sollte aber nie unter 300 Dots per Inch liegen – weswegen Grafiken aus marktgängigen Präsentationsprogrammen oft problematisch sind.

## Vom Satz zur Druckfreigabe

Der Begriff Satzherstellung stammt aus der Zeit, als der Text aus einzelnen Bleilettern Zeichen für Zeichen zusammengesetzt wurde. Dieser sogenannte Bleisatz hat heute bei Büchern keine Bedeutung mehr, die Herstellung erfolgt digital.

Beim Autorensatz – im Selfpublishing die Regel – übernehmen Sie selbst die Satzarbeiten. Das scheint auf den ersten Blick kostengünstig, macht aber häufig Probleme und sorgt für Fehler, besonders bei der Erstellung der Druckdaten. Deshalb müssen Sie die technischen Details frühzeitig klären, am besten mithilfe von Probedateien. Wenn Sie hierbei keine Unterstützung durch einen Verlag haben, ist es also immer besser, von Anfang an mit einem professionellen Buchgrafiker oder Satzstudio zusammenzuarbeiten.

Für die erste Korrektur wird der Text manchmal als Fahne ausgedruckt. Hier wurde dieser zwar bereits mit der richtigen Zeilenbreite gesetzt, Zahl und Länge der Spalten weichen aber vom endgültigen Layout ab. Fußnoten, Abbildungen und Tabellen sind noch nicht an der richtigen Stelle platziert, und auch der Kolumnentitel fehlt. Bei komplexen Layouts empfiehlt es sich, anhand einer Fahne Korrektur zu lesen – besonders wenn Sie noch umfangreiche Textänderungen erwarten. Bei einem Umbruch entsprechen der Seitenaufbau sowie der Stand aller Text- und Bildelemente dem endgültigen Layout. Einfache Textbände werden in der Regel gleich auf Umbruch gesetzt.

Die Korrekturabzüge werden vom Verlag, von einem Korrektor sowie von den Autoren gründlich auf Fehler geprüft. Neben dem Text gehören dazu Impressum, Inhaltsverzeichnis, Kolumnentitel, Marginalien, Anmerkungen, Literaturverzeichnis, Register, Tabellen, Grafiken, Abbildungen, Karten und Bildlegenden. Beim Korrekturlesen geht es um Rechtschreibung, Grammatik, Zeichensetzung und Silbentrennung, aber auch um die Einheitlichkeit von Schreibweisen oder die richtige Verwendung von Formeln und Sonderzeichen. Hinzu kommen die Beseitigung von typografischen Fehlern, die Korrektur des Layouts und die Prüfung von Strukturelementen wie Pagina, Kolumnentitel, Bildunterschriften oder die Nummerierung von Abbildungen und Tabellen. Außerdem können durch die Konvertierung der Textdateien in ein Layoutprogramm Fehler entstehen: Textteile verschwinden oder verdoppeln sich, Umlaute und Sonderzeichen werden nicht richtig wiedergegeben. Deshalb empfiehlt es sich, das Originalmanuskript zur Hand zu haben.

Ein erneuter Korrekturabzug dient der Revision: der Überprüfung, ob alle Änderungen ausgeführt wurden oder ob sich vielleicht sogar neue Fehler eingeschlichen haben. Gibt es nichts mehr zu beanstanden, erfolgt die Druckfreigabe, das sogenannte Imprimatur. Das kann auch aufgrund von Proofs, farbverbindlichen Probeabzügen, geschehen, was besonders bei aufwändigen Produktionen mit vielen Abbildungen ratsam ist. Sollten trotzdem noch weitere letzte Korrekturen notwendig sein, darf das Imprimatur nur unter Vorbehalt erteilt werden, zum Beispiel: ›Druckfreigabe nach erneuter Korrektur.‹

## Umschläge machen Bücher

Buchumschläge erfüllen mehrere Funktionen: Sie schützen das Buch vor Verschmutzungen und Beschädigungen, informieren über den Inhalt und werben für das Werk. Bei Corporate Books unterstützen gut gestaltete Cover außerdem die Markenwahrnehmung und helfen so, das Image zu prägen.

Bei der Umschlaggestaltung liegt der Schwerpunkt auf der Vorderseite, die als sogenannte ›U 1‹zuerst wahrgenommen wird und zu den wichtigsten Werbeinstrumenten zählt. Sie soll darum nicht nur Autoren und Inhalt ankündigen, sondern einen Anreiz bieten, das Buch zu erwerben oder zumindest genauer zu betrachten – und das auch bei der briefmarkenkleinen Bildschirmpräsentation im Online-Handel oder in den E-Book-Stores. Auf der Rückseite ›U 4‹ findet sich der Umschlagtext. Dieser bietet einen kurzen Einblick in Thema und Inhalt und soll vor allem Neugier wecken. Nicht vergessen dürfen Sie die Gestaltung des Buchrückens, denn früher oder später verschwindet jedes Corporate Book in den Regalen der Buchhandlungen und der Leser.

Wie der Umschlag Ihres Corporate Books gestaltet sein sollte, hängt vom jeweiligen Werk, der Zielgruppe, der angestrebten Positionierung und gegebenenfalls den Vorgaben des Verlags ab, ist aber auch eine Geschmacksfrage und unterliegt Moden. Hier bieten die Werbung und aktuelle Printmedien viele Anregungen. Vertrauen Sie dabei der Kreativität und Erfahrung Ihrer Grafiker. Meist liefern diese mehrere Entwürfe, aus denen Sie den besten auswählen und gegebenenfalls optimieren können. Auf jeden Fall sollten Sie bei der Gestaltung des Umschlags eine Verbindung zum Innenlayout anstreben, denn Bucheinband und Buchblock bilden eine Einheit. Wichtig: Umschläge müssen Sie noch gewissenhafter Korrektur lesen als den Buchtext, da Fehler an so prominenter Stelle besonders ärgerlich sind.

### Die Qual der Papierwahl

Es gibt etwa Tausende von Papiersorten in über zigtausend Ausführungen. Angesichts dieses enormen Angebots fällt die Wahl des richtigen Papiers schwer. Orientieren Sie sich an praktischen Kriterien, denn der Wert eines Buchs hängt vom Inhalt ab, nicht vom Umfang und Gewicht. So können Sie zwar voluminöses Papier verwenden, damit Ihr Corporate Book umfangreicher erscheint, als es eigentlich ist. Allerdings müssen Sie damit rechnen, dass ein dickes Buch, das auf einem derartigen Papier gedruckt wurde und federleicht in der Hand liegt, die meisten Leser irritiert. Sinnvoller ist, für den jeweiligen Zweck das optimale Papier zu finden. Besonders bei anspruchsvollen Produktionen sollten Sie darauf achten, eine Papiersorte zu wählen, die sie im Fall einer Neuauflage problemlos zu günstigen Konditionen nachbeziehen können – bei exotischen Papieren kann ein Nachdruck manchmal extrem kostspielig sein.

Bei reinen Textbänden ist ein Papier mit matter Oberfläche und einer leichten elfenbeinfarbenen oder gelblichen Tönung besonders lesefreundlich. Eine glänzende Oberfläche neigt zum Spiegeln, und hochweißes Papier überstrahlt oft die schwarze Schrift – beides schadet der Lesbarkeit. Gestrichene Papiere sind die beste Wahl, wenn Sie Abbildungen mit allen Feinheiten reproduzieren wollen. Ist Farbtreue wichtig, sollten Sie deshalb zu einem Bilder- oder Kunstdruckpapier greifen. Falls Sie farbig getönte Papiere verwenden, müssen Sie sicherstellen, dass die Schrift deutlich lesbar ist. Und ein auf Außenterminen, etwa bei Kundenbesuchen, häufig genutztes Handbuch sollte auf besonders reißfestem Papier produziert werden. Nicht zuletzt können Haptik und Nachhaltigkeit eine wichtige Rolle spielen. Am besten lassen Sie eine Druckprobe auf dem Originalpapier anfertigen.

## Drucken, veredeln, binden

Für Bücher sind der Offsetdruck sowie der Digitaldruck von Bedeutung. Der Offset- oder Flachdruck spielt seine Vorteile besonders bei großen Auflagen aus, denn er ist schnell preiswert und bietet eine hohe Qualität. Da sich feine Raster punktgenau übertragen lassen, eignet er sich bestens für den Druck hochwertiger Bildbände.

Beim Digitaldruck lässt sich die Druckform schnell und problemlos ändern. Damit eignet sich dieses Verfahren vor allem für kleine Auflagen, die sich auf diese Weise recht kostengünstig produzieren lassen. Es ermöglicht außerdem Print-on-Demand (PoD), bei dem erst auf Anforderung ein oder mehrere Exemplare eines Buchs hergestellt werden. Allerdings bleibt die Qualität insbesondere bei aufwändigen oder mehrfarbigen Büchern hinter dem Offsetdruck zurück.

Die Druckveredelung betrifft Verfahren, die Papier nach dem Druck haltbarer machen oder ihm eine hochwertige Wirkung verleihen. Gebräuchlich ist sie vor allem bei der Herstellung von Buchumschlägen.

**Kaschieren:** Papier oder Umschlag werden mit einer dünnen Folie beklebt, um sie vor Beschädigungen oder Verschmutzungen zu schützen.

**Lackieren:** Das nachträgliche Aufbringen von Glanz- oder Mattlacken lässt vor allem Farbdrucke hochwertiger wirken; bei einer Spotlackierung werden nur einzelne Bildteile lackiert. Duftlacke bieten zusätzliche Sinneseindrücke.

**Prägen:** Bestimmte Strukturen werden mechanisch auf das Papier übertragen, zum Beispiel Schriften, Linien oder andere Formen und Ornamente.

**Stanzen:** Aus dem Papier werden Konturen herausgeschnitten, zum Beispiel für ein Daumenregister bei einem umfangreichen Nachschlagewerk.

Ihr Corporate Book können Sie mit einer Vielzahl weiterer Details wie Kapitalband, Farbschnitt oder Lesebändchen versehen. Diese dekorieren das Werk, dienen der Vermarktung oder erhöhen den Nutzwert, sind aber teilweise sehr teuer. Überlegen Sie also genau, was für Ihr Buch notwendig und angemessen ist.

Die Buchbinderei ist die letzte Station der Buchproduktion. Hier werden die bedruckten Papierbogen weiterverarbeitet. Der erste Arbeitsschritt ist das Falzen und Zusammentragen. Dabei werden die einzelnen Blätter oder Falzbogen in der richtigen Reihenfolge zum kompletten Buchblock verbunden, manchmal mithilfe (farbigen oder strukturierten) Vorsatzpapiers. Anschließend werden die gefalzten und zusammengetragenen Druckbogen auf das endgültige Buchformat beschnitten und beim Heften dauerhaft miteinander verbunden. Für Bücher sind diese Heft- beziehungsweise Bindeverfahren gebräuchlich:

**Fadenheftung:** Alle Seiten eines Falzbogens werden entlang des Rückens mit einem Heftfaden verbunden; anschließend werden die gehefteten Lagen miteinander vernäht und der Buchrücken verleimt. Fadengeheftete Bücher lassen sich gut aufschlagen und sind sehr haltbar, allerdings auch teuer.

**Fadensiegeln:** Die Rücken der Falzbogen werden mit kurzen Plastikfäden oder -klammern von innen durchstoßen und miteinander verschweißt. Die einzelnen Lagen werden wie bei der Klebebindung miteinander verleimt. Diese Heftung ist fast genauso haltbar wie die Fadenheftung, aber preiswerter.

**Klebebindung:** Die Lagen werden zunächst am Rücken aufgefräst und mit Klebstoff bestrichen. Die Klebebindung ist kostengünstig, aber nicht unbegrenzt haltbar, außerdem lassen sich Bücher manchmal nur schlecht aufschlagen.

Im nächsten Arbeitsschritt wird der Buchblock in den Einband eingehängt – meist handelt es sich dabei um eine Broschur (Paperback oder Softcover) oder ein Deckenband (Hardcover) –, gegebenenfalls wird noch ein Schutzumschlag umgelegt. Darüber hinaus können lose Beilagen eingelegt werden, zum Beispiel Lesezeichen, Verkaufsprospekte oder Werbepostkarten. Zu guter Letzt werden die fertigen Bücher verpackt und stehen zum Transport direkt zu Ihnen oder in das Auslieferungslager bereit.

Mängel am fertigen Produkt lassen sich kaum korrigieren. Deshalb sollten Sie die Herstellungsqualität sorgfältig selbst kontrollieren oder kontrollieren lassen, bevor Sie Ihr Corporate Book endgültig abnehmen. Bei kleinen Fehlern können Sie einen Preisnachlass aushandeln, bei schwerwiegenden Fehlern muss die Auflage neu gedruckt und/oder neu gebunden werden.

## Worauf müssen Sie bei der Abnahme achten?

- **Papier:** Wurde die richtige Papiersorte verwendet?
- **Farbgebung:** Weisen alle Seiten einen einheitlichen Farbauftrag auf? Schmiert die Schrift nicht zu?
- **Passergenauigkeit:** Sind beim Mehrfarbdruck die einzelnen Farben passgenau übereinander gedruckt? Oder wirken Abbildungen unscharf und farbstichig?
- **Registerhaltung:** Ist der Stand des Satzspiegels auf Vorder- und Rückseite eines Bogens deckungsgleich?
- **Ablegen/Abziehen:** Verschmiert die Druckfarbe den nächsten Bogen, weil das Papier zu schnell weiterverarbeitet wurde und die Farbe nicht genug Zeit zum Trocknen hatte?
- **Format:** Stimmt das Buchformat?
- **Beschädigungen:** Ist der Einband beschädigt, geknickt, verkratzt oder verschmutzt?
- **Aufschlagfähigkeit:** Lässt sich das Buch abhängig von der Heftart gut aufschlagen? Bleibt es aufgeschlagen liegen?
- **Heftung:** Sind alle Bogen in der richtigen Reihenfolge zusammengetragen? Erfasst die Heftung gleichmäßig alle Seiten? Lösen sich einzelne Seiten?
- **Buchblock:** Hängt der Buchblock fest und gerade im Einband? Ist der Buchblock sauber beschnitten? Sind alle Seiten aufgeschnitten?
- **Vorsätze:** Sind die Vorsätze gerade eingeklebt? Stimmen Material und Farbe des Vorsatzpapiers?
- **Einband:** Ist der richtige Einband um das richtige Buch gelegt? Stimmen Material und Farbe des Bezugs? Ist die Beschriftung mittig auf den Rücken aufgebracht?
- **Schutzumschlag:** Ist der Schutzumschlag sauber um den Einband gelegt? Steht die Beschriftung mittig auf dem Buchrücken?
- **Prägung und Ausstanzung:** Sind die Prägung oder Ausstanzung sauber?
- **Kaschierung:** Ist die Folie sauber aufgeklebt? Wirft sie keine Blasen?
- **Farbschnitt:** Verläuft der Farbschnitt gleichmäßig?
- **Zusatzausstattungen:** Sind alle zusätzlichen Ausstattungen vorhanden? Wurden Sie richtig ausgeführt?

## 4.4 Marketing und PR: Was ist nach dem Erscheinen zu tun?

Das Beispiel von Dirk Roßmann mit seinem Buch *... dann bin ich auf den Baum geklettert!* haben wir bereits in Kapitel 1 vorgestellt. Roßmann war ebenso wie seinen Beratern klar: Der alte Verlegerspruch »Ein gutes Buch macht seinen Weg allein« stimmt heute nicht mehr – und hat vielleicht noch nie gestimmt. Deshalb gab es nicht nur Radiospots für das Werk, auch in den Drogeriefilialen wurde Werbung gemacht, bis hin zu Aufdrucken auf den Kassenzetteln und ausführlicher Würdigung in der firmeneigenen Kundenzeitschrift. Roßmann zog damit die mediale Aufmerksamkeit auf sich, gab zahlreiche Interviews und wurde zum gern gesehenen Gast in Fernseh- und Radiosendungen.

Aus Roßmanns Beispiel lässt sich lernen. Denn allzu viele Autoren sind nach Erscheinen des Buchs nicht mehr bereit, sich um die Vermarktung zu kümmern und noch mehr in den Erfolg zu investieren. Neben Zeit und Geld brauchen gutes Marketing und wirkungsvolle PR-Arbeit vor allem einen Plan, der mit den Kommunikationsaktivitäten des Verlags möglichst eng abgestimmt ist. Sobald dieser einige Monate vor dem Erscheinungstermin seine Programmvorschau mit der Ankündigung der Novitäten an Handel und Medien verschickt, ist das Buch für Buchhändler und Endkunden vorbestellbar – und damit der Zeitpunkt für erste Vermarktungsaktionen gekommen.

### Danke sagen und Freude schenken

Was fangen Sie nun mit all den Büchern an, die Sie haben produzieren lassen oder die Sie als Garantieabnahme vom Verlag geliefert bekommen haben? Die schlechteste Möglichkeit: in Ruhe abwarten, bis sich eine Gelegenheit findet, bei der Sie das eine oder andere Exemplar diskret loswerden – weil jedes einzelne hochwertig und teuer ist oder Sie nicht wie ein Buchhandelsvertreter in eigener Sache agieren wollen. Doch wenn Sie es nicht tun, wer dann?

In Kapitel 1.2 haben Sie die Anlässe und Gelegenheiten kennengelernt, zu denen Sie ein Corporate Book publizieren können. Diese sind der optimale Zeitpunkt, Ihr Werk zu verschenken oder (zum vollen Ladenpreis) zu verkaufen. Wenn Sie es als sogenanntes Dedikationsexemplar mit einer persönlichen Widmung versehen, fühlen sich die Adressaten nicht nur besonders gewürdigt, sondern Ihr Buch hat auch einen unveräußerlichen Wert und bekommt vielleicht sogar einen herausgehobenen Platz im Bücherregal.

Auf keinen Fall sollten Sie mit der Verteilung zu lange warten. Sobald der Anlass vorüber ist, interessiert sich niemand mehr für Ihr Buch. Genauso ärgerlich: Ihr Buch ist ein Erfolg, der Verlag bereitet eine Neuauflage vor, merzt dabei Fehler aus und nimmt Aktualisierungen vor – und Sie haben noch den Keller voll mit der veralteten Erstauflage, die Sie dann nur noch ungern verbreiten wollen. Machen Sie also sich und anderen möglichst rasch nach Erscheinen eine Freude!

## Den Verkauf ankurbeln

Wenn Sie einen Verlag an Ihrer Seite haben, müssen Sie sich um vertriebliche Fragen wenig kümmern. Er wird dafür sorgen, dass Ihr Werk bei Großhändlern, dem sogenannten Barsortiment, gelistet und damit überall bestellbar sowie im Buchhandel präsent ist. Die Bestellbarkeit für selbstverlegte Werke können auch die Selfpublishing-Anbieter sicherstellen, vor allem im Online-Handel; sie werden es aber so gut wie nie in die Auslagen der Buchhandlungen schaffen. Dafür braucht es Ihr persönliches Engagement und einen guten Draht zum Buchhändler Ihres Vertrauens, damit dieser ein paar Exemplare vorrätig hält. Einen Vertriebsservice oder -berater zu beauftragen, wird sich für ein einzelnes Buch kaum lohnen.

Was Sie in jedem Fall tun können: den Verkauf Ihres Buchs mit eigenen Maßnahmen unterstützen. Radio-, Fernseh- oder Kinospots werden sich in den meisten Fällen ebenso wenig auszahlen wie Plakatkampagnen – die Streuverluste und die Kosten sind zu hoch. Dennoch sind die Mittel, auf Ihr neues Werk aufmerksam zu machen, vielfältig: ein Werbeflyer mit Bestellmöglichkeit, ein Buchtrailer als kurzer Werbefilm, eine Landingpage oder Microsite mit Link zum Buchhandel, ein Buchtipp auf Ihrer Homepage, eine Leseprobe für registrierte Nutzer zum Download, eine Autorenseite auf Amazon, ein Hinweis in Ihrem Newsletter, eine Buchvorstellung in einem Podcast oder ein Making-of in Ihrem Blog. Scheuen Sie sich nicht, diese Möglichkeiten zu nutzen. Ein Corporate Book, von dem niemand weiß, wird sein Kommunikationsziel nicht erreichen.

Hilfreich sind positive Rezensionen Ihres Werks. Amazon macht das schon lange vor: Leser bewerten und kommentieren öffentlich die Bücher, die der Online-Händler anbietet. Die Gefahr dabei: Schlecht bewertete Titel werden zu Ladenhütern. Doch die Angst vor Kontrollverlust über die publizierte Meinung ist nur dann begründet, wenn Qualität, Leistung oder Preis nicht stimmen. Denn Kunden vertrauen Empfehlungen Gleichgesinnter mehr als klassischer Werbung – ein wichtiger Verkaufsfaktor. Das können Sie für sich nutzen und dafür sorgen, dass positiv über Ihr Buch gesprochen wird. Verzichten Sie allerdings darauf, sich Bewertungen zu kaufen – das fällt schnell negativ auf Sie zurück.

Eine gute Platzierung auf den relevanten Bestseller- oder Ranglisten ist ebenfalls ein starker Booster für Ihr Corporate Book. Wenn

Sie es einmal ganz nach oben geschafft haben, ist Ihr Werk zumindest in aller Munde. Aber auch hier sollten Sie nicht der Versuchung verfallen, die Absatzzahlen manipulieren zu wollen, indem Sie beispielsweise selbst losziehen und den Buchhandel leerkaufen beziehungsweise leerkaufen lassen. Das ist nicht nur sehr teuer, sondern fliegt fast immer auf und ist dann schlecht für Ihr Image.

Ein besonders gewitzter Finanzdienstleister wollte nicht nur ein Buch veröffentlichen und im Handel präsent sein, sondern auch noch auf die Wirtschaftsbestsellerliste – wofür es weitaus weniger Verkäufe braucht, als man gemeinhin annimmt. Um den Handelsabsatz, der vom Marktforschungsunternehmen Media Control erfasst wird, zu fördern, bot der Autor seinen Mitarbeitern an, die Kosten für den Bucherwerb gegen Vorlage der Quittung zu erstatten. Einerseits wurden so echte Verkäufe generiert, andererseits ließ sich gleichzeitig die Loyalität der Beschäftigten überprüfen. Als dieses Modell bekannt wurde, wurde das Buch kurzerhand aus den Bestsellerlisten gestrichen. Es ging schließlich darum, für den Handel und die Verlage objektive Erfolgszahlen zu ermitteln, und nicht manipulierte.[37]

## Social Media schaffen Reichweite

Die Nutzerzahlen von Online-Communitys wie Facebook, Instagram, Twitter, Youtube, Tiktok oder LinkedIn sind in ständiger Bewegung: Während sich die Fans hier von einer Plattform abwenden, taucht woanders eine neue auf und gewinnt rasant an Zuspruch. Inzwischen ist fast jeder Bürger auf einer oder mehreren Social-Media-Kanälen unterwegs – darunter befinden sich auch Ihre Leser, Mitarbeiter, Kunden, Geschäftspartner, aber auch Journalisten, Blogger, Rezensenten, Seminarveranstalter und Buchhändler.

Diese Portale, die auf persönlicher Vernetzung, Empfehlungen und Vertrauen basieren, sind inzwischen ein wesentlicher Bestandteil der Alltags- wie der Unternehmenskommunikation.

Wenn Sie in den sozialen Netzen aktiv werden wollen, heißt das zunächst zuhören. Dort wird nämlich bereits über Ihr Unternehmen, Ihr Angebot und vielleicht sogar Sie selbst gesprochen. Das Erscheinen Ihres Corporate Books ist also Grund genug, sich in diese Gespräche einzubringen – wenn Sie genau wissen, wen und was Sie damit erreichen wollen. Gefragt sind dabei keine platten Werbebotschaften oder plumpe Eigen-PR, sondern attraktive (Insider-)Informationen, ehrliche Debatten und unterhaltsame Geschichten. Sie können zum Beispiel eine Fanseite auf Facebook einrichten, Storys auf Instagram teilen, ein Video auf Youtube einstellen, ein Kurzvideo auf Tiktok posten, Ihre Follower mit exklusiven Vorabinformationen auf Twitter versorgen, Rezensionsexemplare an Bookfluencer auf Portalen wie Vorablesen oder LovelyBooks verteilen oder regelmäßig Artikel auf LinkedIn veröffentlichen. Dass Sie darüber hinaus Ihre bestehende Webseite oder Ihren Unternehmensblog pflegen, versteht sich von selbst.

Social-Media-Marketing ist mit Aufwand verbunden und benötigt viel Geduld. Sie werden nicht auf Anhieb Tausende Fans gewinnen, sondern müssen sich als ehrlicher und anregender Gesprächspartner auf Augenhöhe bewähren. Dabei sind viel Fingerspitzengefühl und auch Tempo gefragt, nicht nur in schwierigen Situationen. Dafür brauchen Sie einen Redaktionsplan, der ein paar Monate vor der Veröffentlichung Ihres Buchs beginnt und zumindest ein halbes Jahr darüber hinaus reicht. Darin halten Sie alle Ihre Aktivitäten fest: was Sie wozu auf welchem Kanal zu einem bestimmten Termin veröffentlichen, ohne sich dabei zu verzetteln. Zudem kann es sich lohnen, Kooperationen mit Partnern und Influencern einzugehen – wenn diese zu Ihnen, Ihrer Marke oder

Ihrem Unternehmen passen, um so Ihre Fanbasis zu erweitern. Auf diese Weise erreichen Sie die selbstgesteckten Kommunikationsziele – und der Aufwand, den Sie in Ihr Corporate Book gesteckt haben, verpufft nicht ins Leere, sondern verschafft Ihnen auf unterschiedlichen Kanälen die gewünschte Aufmerksamkeit.

## In die Medien kommen

Mit dem eigenen Buch in die Talkshow zu kommen, gilt als Königsdisziplin erfolgreicher Medienarbeit. Vergönnt ist das vor allem denjenigen, die zu einem brandaktuellen und entsprechend heiß diskutierten Thema als ausgewiesene Experten etwas zu sagen haben, die von einem bewegenden Schicksal betroffen sind oder die als Prominente als beliebter Stammgast ins Fernsehen eingeladen werden. Als Autor eines Corporate Books werden Sie in den seltensten Fällen dazugehören und sollten sich deshalb auf vielversprechendere Aktivitäten konzentrieren.

Wünschenswert ist immer, dass Sie mit Ihrem Buch in die überregionalen Leitmedien kommen. Die Hürden sind aber genauso hoch wie bei Talkshows. Realistischer ist, zunächst die regionalen Medien bei Ihnen vor Ort ebenso in den Blick zu nehmen wie die relevanten Fach- und Branchenmedien, Special-Interest-Zeitschriften und -Blogs und manchmal auch leicht zu übersehende Nischenmedien, sofern deren Zielgruppe zu Ihnen passt. Hier ist die Aufmerksamkeit oft sogar viel höher als in den großen Medien, und das schlägt sich überraschend positiv in den Verkaufszahlen nieder.

Berichtet werden kann auf sehr unterschiedliche Art und Weise. Das fängt an mit einem winzigen Buchtipp oder Veranstaltungshinweis und reicht über eine ausführliche Rezension bis zu einem umfangreichen Branchen-, Unternehmens- oder Autorenporträt.

Ein Interview oder ein Namensbeitrag, etwa in einer Fachzeitschrift, lenken ebenfalls die Aufmerksamkeit auf Sie.

Bei all diesen Aktivitäten können PR-Agenturen Sie mit Rat und Tat unterstützen. Diese kennen die Medienlandschaft sehr genau, haben Zugang zu Journalisten und wissen, wie sie Themen und Autoren am besten platzieren. Das kann sogar dann sinnvoll sein, wenn ein Verlag die Pressearbeit für Ihr Buch übernimmt. Denn Verlage haben limitierte Budgets und setzen dementsprechend Prioritäten bei der Vermarktung von Schwerpunkttiteln oder Prominentenbüchern – oder reagieren nur auf Anfragen. Für alle anderen bleibt der breit angelegte Versand von Pressemitteilungen oft die einzige und wenig wirkungsvolle PR-Maßnahme. Es braucht also eine individuelle Strategie.

Als wichtigste Regel hierfür gilt: Bloß kein werblicher Auftritt in Ihrem Pressematerial! Journalisten verstehen sich weder als Buchverkäufer noch als verlängerter Arm Ihrer Marketingabteilung. Deren Interesse gilt ihrer jeweiligen Zielgruppe, den Konsumenten der Medien, für die sie tätig sind. Deshalb erwarten sie von Ihnen verlässliche Informationen, besondere Einblicke oder einzigartige Geschichten. Dass Sie gerade ein Buch veröffentlicht haben? Völlig uninteressant, denn jedes Jahr erscheinen zigtausend andere neue Bücher! Wirkungsvolle PR braucht immer einen starken, möglichst aktualitätsbezogenen Aufhänger. Fragen Sie sich also: Worüber könnten die Medien berichten wollen, was könnte deren Leser, Zuschauer oder Hörer wirklich interessieren, welche echte Neuigkeit, welchen Nutzen wird ihnen geboten?

Selbst wenn Sie den richtigen Aufhänger haben, die richtigen Medien angehen und die richtigen Ansprechpartner kennen: Es gibt keine Garantie auf positive Berichterstattung – nicht einmal darauf, dass überhaupt berichtet wird. Aktuelle Ereignisse wie die Corona-Pandemie oder der Ukraine-Krieg lassen alle anderen The-

### Was ist bei der Planung von Vertrieb, Marketing und PR wichtig?

**Maßnahmen:** Was tun Sie konkret für Vertrieb, Marketing und Pressearbeit, und wo setzen Sie Schwerpunkte? Wie und an wen verteilen Sie Exemplare Ihres Buchs? Welche Veranstaltungen planen Sie?

**Team:** Was können und wollen Sie selbst tun? Was können andere besser, und wer kann Sie wobei unterstützen? Wie stimmen Sie sich ab?

**Adressaten:** Über welche Kontakte verfügen Sie, und sind diese aktuell? Wie bauen Sie neue Kontakte auf? Können Sie Kooperationen eingehen?

**Timing:** Wann beginnen Sie mit Ihren Vermarktungsaktivitäten? Gibt es einen Zeit- beziehungsweise Redaktionsplan, in dem festgelegt ist, wann Sie was auf welchem Kanal tun?

**Budget:** Welches Budget steht Ihnen zur Verfügung? Wie teilen Sie es auf die einzelnen Maßnahmen auf?

**Erfolgskontrolle:** Wie und wann fassen Sie eventuell nach? Wie stellen Sie sicher Sie, dass Ihre Maßnahmen wirksam sind?

men in den Hintergrund rücken, und selbst fest zugesagte Termine können kurzfristig verschoben oder ganz gestrichen werden.

## Auf Lesungen und Veranstaltungen die Zielgruppe treffen

Eine Buchpräsentation, neudeutsch ›Book-Launch‹, ist ein schöner Anlass, gemeinsam mit anderen Menschen das Erscheinen Ihres Werks (real oder virtuell) zu feiern: mit denen, die zur Entstehung beigetragen haben, mit Ihren Mitarbeitern, Kunden und Geschäftspartnern, mit Abgesandten aus Politik, Wirtschaft und Gesellschaft. Dazu können Sie natürlich auch Medienvertreter einladen – was für diese interessanter ist als eine trockene Pressekonferenz im Verlautbarungsstil. Und wenn es Ihnen gelingt, Ihre Lieblingsbuchhandlung einzubinden, treffen Sie bei Lesungen auf Fans und potenzielle Buchkäufer und bereichern zugleich das kulturelle Leben vor Ort.

## Bücher sind die besten Influencer

Bei einer Umfrage unter 1.534 Journalisten, Influencern und PR-Verantwortlichen in Unternehmen und Agenturen stellte sich heraus, dass bereits 49 Prozent der PR-Abteilungen deutscher Unternehmen eigene Mitarbeiter als Corporate Influencer einsetzen. Die Digitalisierung und die eigene Webseite des Unternehmens haben nach dieser Studie für Pressestellen mit 71 Prozent die höchste Priorität.[38] Schaut man allerdings auf andere Veröffentlichungen aus der Kommunikationsbranche, dann stehen vor allem bei PR-Agenturen auch Corporate Books hoch im Kurs, weil deren Einfluss, Glaubwürdigkeit, Prestige, Konstanz, Verbindlichkeit und Vertrauen höher ist als der unerschöpfliche Strom flüchtiger digitaler Informationen. Der Kommunikationsberater Martin Sturmer definiert Corporate Influencer wie folgt: »Sie sind Mitarbeiter, die in ihren eigenen digitalen Kanälen Unternehmensthemen kommunizieren, um die Erreichung der betrieblichen Ziele zu unterstützen.«[39]

Experten sind der Auffassung, dass der Einsatz von Mitarbeitern als Kommunikatoren keineswegs ein Selbstgänger ist. Er ist Teil eines Change-Prozesses, der das Unternehmen verändern kann. Denn die Mitarbeiter müssen für ihre Aktivitäten einerseits Freiräume erhalten, andererseits müssen sie angeleitet, geschult und geführt werden. Aber nicht jeder Mitarbeiter ist an seinem Arbeitsplatz oder mit seinem Vorgesetzten zufrieden und kommt somit als Corporate Influencer nicht infrage.

Der Einsatz von Corporate Influencern kann gegenüber den Instrumenten der klassischen Marketingkommunikation erhebliche Vorteile bringen; diese sind jedoch nicht kostenlos zu haben. Große Zielgruppen, zum Beispiel Ikea-Kunden, lassen sich durch den Einsatz von Mitarbeitern in Beratungsvideos glaubwürdig erreichen und sind gegenüber Heimwerker-Büchern wahrscheinlich im Vorteil, weil hier echte Menschen agieren und kommunizieren. Generell gilt, dass die Botschaften in sozialen Medien kurz und aktuell sein müssen. Das bedeutet zugleich, dass sie meist extrem kurzlebig sind und Themen zwar anreißen, aber nicht vertiefen können, wie es bei Büchern der Fall ist. Im günstigsten Fall ergänzen sich Corporate Influencer und Corporate Books.

Können Corporate Influencer also Corporate Books ersetzen? Schaut man auf die Selbstdarstellungen von PR- und Content-Agenturen, ist die Antwort ein klares Nein. Offensichtlich glauben selbst die Experten für Influencer-Marketing an die Macht der Bücher, sonst hätten sie keine veröffentlicht.

Wie aber werden aus Corporate Books Longseller? Wir sagten es bereits: Autoren sollten nicht den Ehrgeiz haben, den nächsten Bestseller zu schreiben, sondern ihre Zielgruppen mit ihren Botschaften zu erreichen. Wenn diese von grundsätzlichem Interesse sind und nicht nur schnelle Aufmerksamkeit erzeugen sollen, kann ein Buch über lange Zeit bestehen. Im besten Fall wird sich Ihre Publikation von einem kurzfristig stark nachgefragten Bestseller zu einem beständig verkäuflichen Longseller entwickeln. Denn die Inhalte weisen zwar in die Vergangenheit, sind aber trotzdem noch stimmig und relevant. Napoleon Hill veröffentlichte sein Buch *Denke nach und werde reich* im Jahr 1937. Noch heute steht es gelegentlich auf Wirtschaftsbuch-Bestsellerlisten.[40]

Dank moderner Algorithmen lassen sich in der Belletristik Bestseller immer besser planen, wie es Jodie Archer und Matthew

L. Jockers in dem 2016 erschienenen Buch *Der Bestseller-Code* für den englischsprachigen Markt beschreiben. Auch für deutschsprachige Belletristik besteht seit 2017 über die von der gelernten Buchhändlerin Gesa Schöning und dem Mathematiker Ralf Winkler gegründete Firma Qualifiction die Möglichkeit, die Erfolgsaussichten von Büchern durch Algorithmen prüfen zu lassen. Im Sachbuchbereich ist das bisher nicht möglich. Trotzdem lässt sich anhand bestimmter Kriterien recht gut vorhersagen, ob Ihr Corporate Book das Potenzial besitzt, ein Longseller zu werden. Absenderkompetenz, Authentizität, Themenrelevanz und Originalität sind dabei von entscheidender Bedeutung.

Wem es jedoch vor allem darum geht, den eigenen Namen oder das eigene Angebot schnell bekannt zu machen, für den sind die sozialen Medien besser, und sie haben auch die größere Reichweite. Ob man mit einer provokanten These dann Zustimmung erfährt oder einen Shitstorm auslöst, ist nicht immer genau zu kalkulieren. Um ein komplexes Thema zu vertiefen und ausführlich zu beschreiben, sei es nun die Firmengeschichte oder eine neue Methode, ist ein Buch sicher die bessere Wahl. Je größer die Originalität und die Alleinstellung bei der Erstveröffentlichung, desto größer sind die Chancen als Bestseller und vielleicht sogar als Longseller.

Das Zauberwort hierfür lautet langfristige Verfügbarkeit. Diese lässt sich, jenseits von Archiven und Bibliotheken, auf unterschiedlichen Wegen sicherstellen.

**Nachdrucke und aktualisierte Neuauflagen:** Regelmäßig nachgefragte Werke werden meist nachgedruckt, um sie dauerhaft lieferbar zu halten – also spätestens, wenn die aktuelle Auflage vergriffen ist. In diesem Zusammenhang lassen die Verlage die Bücher aktualisieren, fügen im Impressum die Auflagenzahl hinzu oder versehen sie mit neuen (Unter-)Titeln, um zusätzliche Verkaufsanreize zu schaffen.

**Print-on-Demand (PoD):** Per Print-on-Demand lassen sich einzelne oder wenige Exemplare eines Buchs schnell und kostengünstig herstellen. Ein Buch bleibt somit unendlich lange lieferbar, und das ohne Produktions- und Lagerkostenrisiko, ohne Überproduktionen und ohne Verramschungen. Das ursprünglich als Selfpublisher-Plattform gegründete Unternehmen Books on Demand (BoD) rechnete vor, wie ein Verlag allein durch die Reaktivierung von 1.750 vergriffenen Titeln zusätzlich über 60.000 Bücher pro Jahr verkaufen konnte.[41] Damit bestätigt sich die schon 2006 von Chris Anderson in seinem Buch *The Long Tail* aufgestellte These, dass Nischenprodukte ein Geschäft der Zukunft sind.[42] Ist ein Corporate Book im Handel also nur lange genug verfügbar, wird es seine Zielgruppen immer noch erreichen können – auch wenn sie klein ist oder kleiner wird.

**Antiquarischer Second-Hand-Markt:** Das Re-Commerce-Unternehmen Momox berichtet im *Second-Hand-Report 2022* für Bücher und Medien, dass 59 Prozent der Deutschen schon einmal gebrauchte Bücher und und andere Medienartikel gekauft haben. Bücher stehen in der Beliebtheit mit 75 Prozent an der Spitze.[43] Somit trägt auch der Handel mit antiquarischen Büchern über lange Zeit wesentlich zur Verfügbarkeit einmal veröffentlichter Werke bei.

Insgesamt bietet ein Corporate Book auch später, wenn schon einige Jahre seit der Erstveröffentlichung vergangen sind, noch vielfältige Einsatzmöglichkeiten. Es kann die Grundlage für Vorträge und Podiumsdiskussionen, für Seminare, Coachings und Trainings, für neue Geschäfte und neue Geschäftsfelder sein und beweist Ihre Expertise. In jedem Fall begegnen Sie ebenso interessierten wie interessanten Menschen – und kommen über Ihr Corporate Book ins Gespräch. Denn Bücher sind die besten Influencer!

# Anhang

## Anmerkungen

1 Zum Beispiel in der Online-Enzyklopädie *Wikipedia*, https://de.wikipedia.org/wiki/Corporate_Media#Corporate_Book: »Ein Corporate Book (›Unternehmensbuch‹) ist ein von einem Unternehmen herausgegebenes Buch.«

2 Klaus Ahrens: »Personenkult«, *Manager Magazin*, 6. Mai 2001.

3 Börsenverein: »Titelproduktion in Deutschland«, https://www.boersenverein.de/markt-daten/marktforschung/wirtschaftszahlen/buchproduktion. Statistik Austria »Bücher und Presse«, https://www.statistik.at/statistiken/bevoelkerung-und-soziales/kultur/buecher-und-presse. Bundesamt für Statistik: »Printmedien«, https://www.bfs.admin.ch/bfs/de/home/statistiken/kultur-medien-informationsgesellschaft-sport/medien/medienangebot-nutzung/printmedien.html.

4 Börsenverein: »Warengruppen-Systematik neu (WGSneu) – Version 2.0. Einheitlicher Branchenstandard ab 1. Januar 2007«, https://vlb.de/assets/images/wgsneuversion2_0.pdf.

5 Gerald D. Feldman: *Hugo Stinnes. Biographie eines Industriellen 1870–1924*. München: C. H. Beck, 1998, S. IX.

6 Hans-Peter Förster: *Texten wie ein Profi. Ein Buch für Einsteiger und Könner.* Frankfurt a. M.: Frankfurter Allgemeine Buch, 2016.

7 Claudius Schmitz: *Charismating – Einkauf als Erlebnis. So kitzeln Sie die Sinne Ihrer Kunden.* München: mi, 2009,

8 Klaus Ahrens: »Personenkult«, *Manager Magazin*, 6. Mai 2001.

9 Bundesverfassungsgericht: »Leitsatz zum Beschluss des Ersten Senats vom 14. März 2006«, 1 BvR 2087/03, Rn. 87.

10 Michael Schickerling: »Bücherschreiben benötigt einen überzeugenden Plan‹«, *Buchreport.de*, 13. Januar 2022.

11 David H. Maister, Robert H. Galford, Charles M. Green: *The Trusted Advisor. 20th Anniversary Edition*. New York. Free Press, 2021.

12 Michael Schickerling: »Starke Sachbücher haben starke Konzepte«, *Buchreport* 9/2022.

13 Ursula Lindemeir, »Wirkungen und Einfluss von Filmtiteln auf den Erfolg des Films«, LMU München, 2007. Giwoong Baea, Hye-jin Kimb: »The impact of movie titles on box office success«, *Journal of Business Research*, Oktober 2019.

14 Luís Leitão u. a.: »Do consumers judge a book by its cover?«, *Journal of Retailing and Consumer* Services, Mai 2018.

15 Michael Schickerling: »Die beste Werbung«, *Börsenblatt 21/2022.*

16 Johann Wolfgang von Goethe: *Wahlverwandtschaften. Ein Roman.* Tübingen: Cotta, 1809, S. 210.

17 Robert J. Shiller: *Narrative Wirtschaft. Wie Geschichten die Wirtschaft beeinflussen - ein revolutionärer Erklärungsansatz.* Kulmbach: Plassen, 2020.
18 Jens Bergmann: »Einen vom Narrativ erzählen«, *Brand eins* 6/2022, S. 14.
19 Joseph Campbell: *Der Heros in tausend Gestalten.* Frankfurt a. M.: Fischer, 1953.
20 Werner T. Fuchs: Warum das Gehirn Geschichten liebt. Mit Storytelling Menschen gewinnen und überzeugen. Freiburg: Haufe, 4. Auflage 2018.
21 Petra Schäfer: »Marathonschreiber mit System«, *Handelsblatt*, 14. Juli 2012.
22 Nikola Haaks: »Fragen Sie Herrn Schwarz. Als Ghostwriter verhilft er Wirtschaftsbossen zu Ruhm«, Zeit 13/2001.
23 Stefan Willeke: »Ghostwriting: Maja Göpel und der gute Geist«, *Zeit 33/2022.*
24 John C. Knapp, Azalea M. Hulbert: *Ghostwriting and the Ethics of Authenticity.* New York: Palgrave Macmillan, 2016.
25 Maja Göpel: »@beyond_ideology«, *Twitter*, 10. August 2022, https://twitter.com/beyond_ideology/status/1557393241917603843.
26 »Die Grundlagen des Machine Learning«, *Divisio Blog*, 24. April 2019, https://divis.io/2019/04/ki-leicht-erklaert-teil-4-die-grundlagen-des-machine-learning.
27 Alberto Romero: »5 Practical Applications Where ChatGPT Shines«, *The Algorithm Bridge*, 31. Januar 2023, https://thealgorithmicbridge.substack.com/p/5-practical-applications-where-chatgpt.
28 Alberto Romero: »Everyone Is Wrong About AI Writing Tools«, *The Algorithm Bridge*, 19. Oktober 2022, https://thealgorithmicbridge.substack.com/p/everyone-is-wrong-about-ai-writings. Emily M. Bender, Alex Koller: »Climbing towards NLU: On Meaning, Form, and Understanding in the Age of Data«, *ACL* 2020, https://aclanthology.org/2020.acl-main.463.pdf,
29 ChatGPT auf die Frage: »Was können KI-Systeme besser als Buchverlage?«, 5. Februar 2023.
30 »One Look Is Worth a Thousand Words«, *Printer's Ink*, 8. Dezember 1921, S. 96–97. »Use a picture. It's worth a thousand words«, *Syracuse Post Standard*, 28. März 1911, S. 18.
31 Börsenverein: »Mitgliederentwicklung 2022«, https://www.boersenverein.de/fileadmin/bundesverband/dokumente/presse/digitale_pressemappen/Mitgliederentwicklung_2022_Zahlen.pdf. Hauptverband: »Verlage«, https://buchhandel.at/verlag. SBVV: »Mitgliederverzeichnis«, https://www.sbvv.ch/members/102/Mitglieder/Mitgliederverzeichnis.
32 MVB: »Über AdB-Online – das Adressbuch für den deutschsprachigen Buchhandel«, https://www.adb-online.de.
33 »Die 100 größten Verlage 2022«, *buchreport.kompakt* 2022.
34 Jennifer Armstrong: »Content-Upcycling – Inhalte wie die Produktentwicklung denken«, Content Marketing Forum, 3. März 2020, https://content-marketing-forum.com/content-upcycling.
35 Regina Karnapp: »Repräsentative Wirkungsstudie zeigt, wann, wo und wie der Einsatz von Printmagazinen sinnvoll ist«, 5. Juni 2022, https://content-marketing-forum.com/repraesentative-wirkungsstudie-zeigt-wann-wo-und-wie-der-einsatz-von-printmagazinen-sinnvoll-ist.

36 Börsenverein: »Normvertrag für den Abschluss von Verlagsverträgen«, https://www.boersenverein.de/beratung-service/recht/verlagsrecht-mustervertraege.

37 »Buchmarkt: Die Gutschein-Aktion«, *Focus* 34/2005, https://www.focus.de/kultur/buecher/die-gutschein-aktion-buchmarkt_id_2028721.html.

38 News aktuell (Hg.): *Trendreport 2019. Journalisten, PR-Profis und Influencer – Dreiklang oder Dreikampf?* Hamburg: News aktuell, 2019, S. 6/12.

39 Martin Sturmer: *Corporate Influencer. Mitarbeiter als Markenbotschafter.* Wiesbaden: Springer Gabler, 2020, S. 3–4.

40 Napoleon Hill: »Die deutsche Ausgabe von Think and Grow Rich«. München: Finanzbuch, 2018. Am 12. März 2023 zum Beispiel auf Platz 2 der *Handelsblatt*-Bestsellerliste, https://www.handelsblatt.com/arts_und_style/literatur/bestellerliste-das-sind-die-meistverkauften-wirtschaftsbuecher-im-februar/29025306.html, und auf Platz 16 Spiegel-Bestsellerliste Taschenbuch/Sachbuch, https://www.spiegel.de/kultur/literatur/bestseller-taschenbuch-sachbuch-a-4ce7bbd7-b8a5-41f6-ba72-f1e95cd06fe3.

41 »Risikolose Lieferbarkeit durch Print on Demand«, *Buchreport*, 21. Februar 2020, https://www.buchreport.de/news/risikolose-lieferbarkeit.

42 Chris Anderson: T*he Long Tail – Der lange Schwanz. Nischenprodukte statt Massenmarkt. Das Geschäft der Zukunft.* München: Hanser, 2007.

43 Momox (Hg.): *Second Hand Report 2022. Bücher und Medien*, Berlin: Momox, 2022, https://momox.biz/images/downloads/momox_BM_Report_2022.pdf.

## Literatur

Archer, Jodie; Jockers, Matthew L.: *Der Bestseller-Code. Was uns ein bahnbrechender Algorithmus über Bücher, Storys und das Lesen verrät.* Kulmbach: Plassen, 2017.

Dudenredaktion (Hg.): *Duden. Die deutsche Rechtschreibung.* Berlin: Bibliographisches Institut, 28. Auflage 2020.

El Ouassil, Samira; Karig, Friedemann: *Erzählende Affen. Mythen, Lügen, Utopien. Wie Geschichten unser Leben bestimmen.* Berlin: Ullstein, 2021.

Förster, Hans-Peter: *Texten wie ein Profi. Ein Buch für Einsteiger und Könner.* Frankfurt a. M.: Frankfurter Allgemeine Buch: 13. Auflage, 2016.

Frenzel, Karolina; Müller, Michael; Sottong, Hermann: *Storytelling. Das Harun-al-Raschid-Prinzip. Die Kraft des Erzählens fürs Unternehmen nutzen.* München: Hanser, 2004.

Fuchs, Werner T.: *Warum das Gehirn Geschichten liebt. Mit Storytelling Menschen gewinnen und überzeugen.* Freiburg: Haufe, 4. Auflage 2018.

Groothuis, Rainer: *Wie kommen die Bücher auf die Erde? Über Verleger und Autoren, Hersteller, Verkäufer und das schöne Buch.* Köln: DuMont, 2007.

Hasenbeck, Manfred; Wolf, Eberhard: *Corporate Books. Unternehmensliteratur als Markenbotschafter.* Wiesbaden: Gabler, 2011.
Häusel, Hans-Georg; Henzler, Harald: *Buyer Personas. Wie man seine Zielgruppen erkennt und begeistert.* Freiburg: Haufe, 2018.
Heiner, Matthias; Schwarz, Friedhelm: *Werbung mit Power. Mehr Qualität in der Markenkommunikation.* Düsseldorf: Econ, 1995.
Huse, Ulrich: *Verlagsmarketing.* Frankfurt a. M.: Bramann, 3. Auflage 2021.
Klein, Christian (Hg.): *Handbuch Biographie. Methoden, Traditionen, Theorien.* Stuttgart: Metzler, 2009.
Klug, Sonja Ulrike: *Corporate Books. Hochwertige Instrumente der Unternehmenskommunikation.* Wiesbaden: Springer Gabler, 2016.
Klug, Sonja Ulrike: *Unternehmen von der schönsten Seite. Corporate Books für PR und Marketing.* München: mi, 2010.
Knapp, John C.; Hulbert, Azalea M.: *Ghostwriting and the Ethics of Authenticity.* New York: Palgrave Macmillan, 2016.
Küthe, Erich; Venn, Axel: *Marketing mit Farben.* Köln: Dumont, 1996.
Märtin, Doris: *Erfolgreich texten. Klarer schreiben – überzeugender ansprechen – wirkungsvoller kommunizieren.* Frankfurt a. M.: Bramann, 5. Auflage 2019.
Matting, Mattias: *Die Selfpublisherbibel. Handbuch für verlagsunabhängiges Publizieren.* Dettenhausen: Belle Epoque, 2022.
Menche, Birgit: *Urheber- und Verlagsrecht.* Frankfurt a. M.: Bramann, 2. Auflage 2020.
Sailler, Johannes: *Handbuch Korrekturlesen. Erfolgreich Korrektur lesen. Korrekturwissen von A bis Z.* Norderstedt: BoD, 2017.
Schäfer, Robert: *Das Buchobjekt.* Mainz: Hermann Schmidt, 2001.
Schickerling, Michael: *Lektorat, Programmplanung und Projektmanagement im Buchverlag.* Frankfurt a. M.: Bramann, 2020.
Schickerling, Michael; Menche, Birgit: *Bücher machen. Ein Handbuch für Lektoren und Redakteure.* Frankfurt a. M.: Bramann, 3. Auflage 2012.
Schneider, Wolf: *Deutsch! Das Handbuch für attraktive Texte.* Reinbek: Rowohlt, 2007.
Stefan, Renate; Rothfos, Nina; Westerveld, Tim: *U1. Vom Schutzumschlag zum Marketing.* Mainz: Hermann Schmidt, 2006.
Walch, Julia: *Buchherstellung. Gestaltung – Technik – Prozesse.* Frankfurt a. M.: Bramann, 2022.
Willberg, Hans Peter; Forssman, Friedrich: *Erste Hilfe in Typografie. Ratgeber für Gestaltung mit Schrift.* Mainz: Hermann Schmidt, 8. Auflage 2017.
Willberg, Hans Peter; Forssman, Friedrich: *Lesetypografie.* Mainz: Hermann Schmidt, 5. Auflage 2010.
Wintjes, Monika: Buchmakel. *55 typische Fehler in der Buchproduktion und wie man sie vermeidet.* Mainz: Hermann Schmidt, 2022.

# Register

# Autoreninformation

**Michael Schickerling** (info@schickerling.cc) war als Lektor und Programmleiter in mehreren großen Sach- und Fachbuchverlagen tätig. Heute begleitet er mit schickerling.cc Autoren, Unternehmen und Verlage bei der Entwicklung und Realisation von Buchprojekten und gibt außerdem sein Wissen in Seminaren für die Buchbranche weiter. Er ist überzeugt: Büchermachen ist immer ein Teamspiel!

**Friedhelm Schwarz** (info@schwarzbook.de) hat als Autor und Ghostwriter rund achtzig Bücher über Wirtschaft und Gesellschaft geschrieben, die zum Teil in mehrere Sprachen übersetzt wurden, als Hörbücher erschienen sind und inzwischen eine Millionenauflage erreicht haben. Wichtig ist ihm, komplexe Zusammenhänge aufzuspüren und schwierige Themen allgemein verständlich darzustellen. Die Zeit schrieb über ihn: »Sein Alter Ego sind Unternehmensberater, Konzernchefs oder Managementtrainer«.